ANNA KANNEGIETER

EMPOWER YOUR HORSE

Stärke die Bindung zu deinem Pferd

KOSMOS

INHALT

KAPITEL 6

KAPITEL 7

KAPITEL 8

KAPITEL 9

Wichtige Worte zum Buch

Dieses Buch ist für die Pferde und mit den Pferden geschrieben. Es ist ein ehrliches Buch. Sehr ehrlich. Ich habe mich nicht zurückgehalten und alle meine Gedanken, Erfahrungen und Ansichten gesammelt und genauso aufs Papier gebracht. Um den Pferden eine würdige Stimme zu sein. Um dich und mich aus der Komfortzone zu locken. Es ist längst Zeit, die Pferdewelt neu zu betrachten. Ich sehe zu viel Zwang in der Pferdewelt, zu viele Abkürzungen zulasten der Pferde und zu viele »One-Fits-All«-Lösungen. Viele ultimative Trainingsmethoden für schnelle Ergebnisse, das komplexe Pferd vereinfacht heruntergebrochen, für jeden zu bedienen. Das ist nicht fair.

Das wichtigste Ziel in meiner Arbeit mit den Pferden ist genau umgekehrt. Ich möchte dazu beitragen, dass sie gehört werden und dass sich Mensch und Pferd gut verstehen, damit die Pferde ein gutes Leben führen können. Sie wollen sowieso mit uns harmonieren, wir müssen ihnen lediglich die Möglichkeit geben und die Hand reichen. Auf meinem Weg bin ich bereits so vielen Pferden und Menschen begegnet, in ganz unterschiedlichen Situationen und mit individuellen Herausforderungen und es bestätigt sich immer wieder: Es braucht individuelle, einzigartige Ideen, um das Zusammensein harmonischer zu gestalten und beide auf Augenhöhe zu unterstützen. Pferd und Mensch müssen da, wo sie sich gerade befinden, abgeholt werden und ganzheitlich betrachtet werden. Es muss ein sicherer Raum geschaffen werden und Platz für Verständnis sein. Es ist und bleibt ein Wunder, dass wir mit dem großen instinktabhängigen Fluchttier Pferd so eine tiefe Verbindung eingehen können, dass wir sogar auf ihrem Rücken Platz nehmen dürfen. Viele Variablen spielen dort hinein, um dies für Pferd und Mensch leicht und sicher gestalten zu können.

Ich lade dich ein auf die Reise zu einer harmonischen leichten Verbindung zu deinem Pferd, in der ihr immerzu im Austausch miteinander seid und euch gegenseitig wahrnehmt, fühlt und respektiert. Die wahren Experten sind die Pferde, und sie haben so viel Wissen über uns selbst, über Verbindung, Harmonie und Mut bereit, wenn wir ihnen zuhören.

Es kommt nicht auf die Reitweise an, nicht auf deinen Wissensstand oder deine bisherigen Erfahrungen. Deinem Pferd geht es um deine Mentalität, um deine Emotionen und um dein Verständnis von dir selbst und deinem Pferd. Dein Pferd interessiert, was du im Herzen trägst.

Bist du bereit, in meine Welt der Pferde einzutauchen?

KAPITEL 1

WIESO PFERDE?

Was fasziniert uns so sehr an Pferden? Lass uns einen Schritt zurücktreten und unser »Warum« wieder präsent in den Vordergrund holen.

Wieso Pferde?

Dein Gefühl, dein Grund, dein »Warum« gegenüber deinem Pferd ist für dein Pferd das Wichtigste.

Was fühlst du, wenn du bei deinem Pferd bist? Was löst dein Pferd und die Zeit mit ihm in dir aus? Warum hast du ein Pferd? Was hast du von der gemeinsamen Zeit mit deinem Pferd? Als du dich entschieden hast, Zeit mit Pferden verbringen zu wollen, was war da der Grund? Wenn du bereits als kleines Kind Kontakt zu Pferden hattest, was hat dich bei ihnen gehalten, warum hast du nie aufgehört?

Jeder Pferdemensch hat andere Antworten auf diese Fragen und unterschiedliche Formulierungen, um das Gefühl zu beschreiben. Ich habe ihnen über die letzten Jahre zugehört und die häufigsten Antworten zusammengetragen. Es ist die Ruhe, die du verspürst, sobald du bei deinem Pferd bist. Die Magie, die dein Pferd besitzt. Dein innerer Frieden, das Vergessen des Alltags und die Entspannung, die dir dein Pferd schenkt. Du bist im Hier und Jetzt und einfach glücklich bei deinem Pferd. Es ist deine Leidenschaft, dein Pferd gehört zur Familie und ist dein bester Freund.

Für mich ist es das Gefühl von Freiheit, der Respekt und der Nervenkitzel, die Verantwortung und das Wachstum. Es ist der große, starke Körper mit dem sanften Geist. Das Gefühl von Freiheit, welches Pferde verkörpern und mir gerne ausborgen. Es ist der Respekt vor ihrem Instinkt, ihrem Feingefühl und ihrer mentalen und körperlichen Stärke. Es ist der Nervenkitzel, sie nicht kontrollieren zu können und zu wollen. Ihnen ein gewachsener Partner zu sein, damit sie sich auf mich einlassen und sich an mir orientieren wollen. Es ist die Verantwortung, die

AUFGABE

Nimm dir einen Moment, bevor du weiterliest, und beantworte diese Fragen ehrlich für dich selbst. Es ist wichtig, dein Gefühl deinem Pferd gegenüber genauestens zu kennen, zu wissen, warum du täglich Zeit mit deinem Pferd verbringst und was dich motiviert. Wenn dein »Warum« klar ist, richten sich deine Handlungen danach aus.

Die Faszination für das Pferd darf im Alltag immer bestehen bleiben.

ich trage, ihren Geist und Körper gesund zu erhalten und zu schützen. Ihnen zu helfen, in unserer Welt sicher zu sein, und ihre Stimme zu hören. Es ist das Wachstum in mir selbst, sie reflektieren und zeigen auf, wie ich mich fühle, was ich unterdrücke und wie ich wachsen darf. Es ist die Nase, die sich an meinen Bauch drückt. Das Herzklopfen, beim Anblick meiner Pferde, wenn sie mit Freude zuhören und sich auf mich verlassen. Es ist immer noch dieselbe Begeisterung wie damals als kleines Mädchen. Es ist die Faszination, die Ehrfurcht, die Freude und die Glückseligkeit. Dieses Gefühl beschütze ich und komme immer dahin zurück.

An deinem ursprünglichen Gefühl für die Pferde darfst du festhalten. Auch wenn es mal stressig ist. Auch wenn dein Pferd krank ist. Auch wenn ihr Verständigungsprobleme habt. Auch wenn sich Außenstehende einmischen wollen. Auch wenn du mit Angst und Zweifel konfrontiert wirst. Auch wenn dir ein Profi etwas anderes erzählt. Dein Gefühl, dein »Warum«, dein Grund trägt alles in sich, was für dein Pferd zählt.

Wünsche, Träume und Ziele mit deinem Pferd sind toll. Es gibt Abenteuer, die wir erleben wollen, und Probleme, die wir beseitigen wollen. Das ist wichtig, damit ihr euch weiterentwickelt und wachst. Aber an erster Stelle steht immer euer gemeinsames Gefühl. Entferne dich nicht ungewollt von einer ehrlichen Partnerschaft, indem du dich an Meilensteinen und Zielen orientierst, die an dem ausgeführten Verhalten deines Pferdes festgemacht werden. Orientiere dich stattdessen an dem Ausdruck deines Pferdes. Leg den Fokus auf harmonische Zeit in Leichtigkeit. Einschätzen und wertschätzen auf der Ebene, die sich schwieriger in Worte fassen lässt als konkrete Ziele.

WAS WÄRE, WENN …

- Denn was wäre, wenn ich dir verrate, dass du es tagtäglich in der Hand hast, ob du die Begegnung mit deinem Pferd positiv oder negativ abschließt?
- Was wäre, wenn ich dir verrate, dass der Schlüssel zu deinen Wünschen und Träumen darin liegt, die Wünsche deines Pferdes zu erfüllen?
- Was wäre, wenn ich dir verrate, dass es einfach ist, wenn du die Leichtigkeit wählst?
- Was wäre, wenn ich dir verrate, dass es mehr Sicherheitsversprechen und weniger Dominanzkämpfe zwischen dir und deinem Pferd braucht?
- Was wäre, wenn ich dir verrate, dass es weniger Druck und mehr Dialog braucht?
- Was wäre, wenn ich dir verrate, dass es weniger Aktion und mehr Reflexion braucht?
- Bist du bereit dafür?

Kämpferin für Fairness: Speedy

Ich möchte mit dem wichtigsten Pferd meines Lebens beginnen. Mit Speedy, meiner Lewitzer-Stute, die mich bereits seit über zehn Jahren begleitet. Ohne sie würde es dieses Buch gar nicht geben, denn ohne sie wäre ich nie Pferdetrainerin geworden. Mein gesamtes Grundgerüst an Werten und Regeln für den Umgang mit Pferden habe ich von ihr. Ich war zwölf Jahre alt, als ich sie bekommen habe, und wir hatten keinen einfachen Start. Sie hat immer stark gedroht, wenn man ihr näherkam oder sie gar anfassen wollte, und sie war beim Reiten kaum anzuhalten. Tatsächlich hat sie ihre Drohungen aber so gut wie nie wahrgemacht. Natürlich bin ich ein paar Mal heruntergefallen und sie hat mir auch ein paar leichte Streifschüsse mit ihren Hinterbeinen zugefügt. Es waren immer sehr vorsichtige und durchdachte Warnungen, wenn ich den Rest nicht ernst genug genommen hatte. Mit ihr gemeinsam habe ich mich mehr mit der Bodenarbeit und Kommunikation beschäftigt. Bisher kannte ich nur Reiten, spielerische Freiarbeit und Zirkuslektionen. Ich war bis dahin verwöhnt von lustigen, zugewandten Wallachen. Mit ihr gemeinsam habe ich gelernt, und es war oft nicht einfach. Ich fand sie anfangs sehr unberechenbar, und sie hat mich an meine Grenzen gebracht. Es wurde leichter mit ihr, als ich Folgendes erkannte: Speedy ist vor allem eins, eine Kämpferin für Fairness: *Wie du mir, so ich dir. Behandle mich mit Respekt, sei dir über dich selbst bewusst, sonst kannst du mich in Ruhe lassen. Entweder du bist in meinem Team oder ich tue nichts für dich.*

Sie hat sehr hohe Anforderungen an ihren Zweibeiner und gibt sich nicht mit halben Sachen zufrieden. Dementsprechend steil war auch meine Lernkurve mit ihr. Natürlich war es lange nicht perfekt, aber sie hat mich täglich angespornt, besser zu werden.

Jegliche Selbstkontrolle und -reflexion habe ich von diesem Pferd gelernt. Ich habe gelernt, meine Energie zu kontrollieren und gezielt einzusetzen, auf körperlicher, mentaler und emotionaler Ebene. Sie ist mir charakterlich sehr ähnlich in vielen Aspekten, und da stoßen wir bis heute manchmal aneinander. Genau dies sind die Momente, die so wichtig sind, um zu wachsen. Sie erwartet von mir, dass ich die Partnerin bin, die sie braucht und verdient, und das ist ihr gutes Recht.

Speedy weiß, was sie will, und genau von diesen Pferden können wir am meisten lernen. Es sind die Pferde, die für ihre Grenzen einstehen, sich nicht einfach überreden lassen und einen sehr starken Gesprächspartner darstellen. Speedy hat mich, mein Mindset und meine Trainingsweise am stärksten von all meinen Pferden geprägt, und ich bin so dankbar, durch sie die Stimme der Pferde laut klingen zu lassen.

Speedy und ich vor vielen Jahren in unseren ersten gemeinsamen Tagen

Mit Pferden wie meiner Stute Speedy, mit denen man so viele gemeinsame Jahre verbringt und mit denen man viele gute und einige schlechte Situationen erlebt hat, hat man irgendwann eine eigene Sprache entwickelt, die sich nicht mehr in Worte fassen lässt. Man weiß ganz genau, was der andere empfindet und was er als Nächstes tun wird. Genau das ist die Verbindung, nach der wir streben sollten. Am Ende beruht die Kommunikation vollständig auf Gefühl und nicht mehr auf den Regeln, die man mal festgelegt hat. Die Regeln sind natürlich wichtig, gerade wenn die Kommunikation noch Missverständnisse beinhaltet. Aber unsere harmoniebedürftigen Pferde sind so viel sensibler, als wir uns vorstellen können. Die Kommunikation, die mit viel Zeit und Spucke entsteht, ist die, die den Umgang mit Pferden so magisch macht. Es dauert, bis man einander lesen und verstehen kann. Bis man Grenzen und Eigenarten erkennen und damit umgehen kann. Unsere Pferde durchschauen uns sicherlich schneller als wir sie, aber oft

verwirren wir sie mit unserem komplizierten und manchmal unvorhersehbaren Verhalten. Dementsprechend muss in den ersten Jahren mit einem neuen Pferd nicht alles reibungslos verlaufen, wichtig ist nur, sich selbst zu reflektieren und vor Augen zu haben, wo man hin möchte. Dazu gehört auch, sich über die eigenen Werte, Regeln und Wünsche bewusst zu werden und auch die des Pferdes anzuerkennen und einen Weg zu finden, mit dem beide glücklich sind. Nicht alle Pferde sind mit allen Haltungsarten, Trainingsweisen, Disziplinen und Lebensstilen kompatibel. Ein gemeinsamer Weg auf Augenhöhe bietet Zufriedenheit für beide Seiten.

Am Ende entscheiden wir den größten Teil des Alltags unseres Pferdes. Es ist wichtig, zu reflektieren, ob unser Pferd zufrieden mit unseren Entscheidungen ist.

KAPITEL 2

WUNSCHLISTE DEINES PFERDES

Dein Pferd möchte gehört werden. Wir alle möchten gehört werden. Lass uns zuhören! Was würde auf der Wunschliste deines Pferdes stehen?

Die Wunschliste deines Pferdes

Dein Pferd hat Bedürfnisse und Wünsche an dich, die essenziell sind, damit es sich wohl-, und sicher fühlen kann. Dazu zählen nicht nur körperliche Bedürfnisse.

Die grundsätzlichen Bedürfnisse des Pferdes, sprich kontinuierliches Futter, Wasser, freie Bewegung und Platz, Kontakt zu Artgenossen, Licht, Luft und Ruhe, sind dir sicherlich bekannt. Diese sind notwendig für ein gesundes, ausgeglichenes und zufriedenes Pferd ohne Verhaltensauffälligkeiten. Dein Pferd hat weitere (angeborene) Bedürfnisse, die du beachten und erfüllen darfst, damit es sorglos und gerne bei dir sein kann. Pferde sind hochsensible Wesen und in der Kommunikation mit uns können je nach Pferd-Mensch-Paar Welten liegen. Die einen tauschen sich lediglich oberflächlich aus, während andere ein tiefes Verständnis füreinander haben. Je mehr wir unsere Pferde, ihre Bedürfnisse, Ängste und Wünsche verstehen, desto stärker wird die Verbindung. Denn am Ende wollen Pferde gesehen, verstanden und respektiert werden.

HARMONIE

Pferde streben nach Harmonie. Als Herdentier und Beutetier ist es für das Pferd ein lebenswichtiger Vorteil, eins mit der Herde zu sein. Pferde sind in einer funktionierenden Herde in tiefer Harmonie und im Einklang miteinander. Gefahren können viel leichter erkannt werden, wenn alle Pferde Ausschau halten und sich bereits über kleinste Signale und Veränderungen im Gemüt gegenseitig warnen können. Wenn nun ein Pferd einen komischen Geruch wittert, so spannt es beispielsweise seinen Körper an, atmet schneller und hebt den Kopf. Die anderen Pferde, die mit Grasen oder Dösen beschäftigt sind, nehmen diese Gemütsveränderungen sofort wahr und kontrollieren ihre Umgebung, um nachvollziehen zu können, warum dieses Pferd alarmiert ist. Sie passen sich dem alarmierten Zustand des ersten Pferdes an. Droht dann wirklich Gefahr, kann die Herde sofort reagieren und zur Flucht übergehen. Das sensible Empfangen und Wahrnehmen von Gemütszuständen, Veränderungen in der Energie und kleinen Bewegungen sind für das sichere Überleben des Pferdes ein wichtiger Bestandteil. In unserem Alltag drohen dem Pferd wenige Gefahren, aber es ist trotzdem instinktiv immer auf der Suche nach potenziellen Angreifern.

Uns gegenüber bringen Pferde dieselbe Feinfühligkeit mit wie in der Herde. Sofern wir diese erkennen und nicht bestrafen, verlassen sich die Pferde auch auf diese Feinfühligkeit in der Kommunikation mit uns. Zugegeben, diese Fähigkeit kann für uns Fluch oder Segen sein. Dein

In der Herde sind die Pferde im Einklang miteinander und bieten so Schutz, Sicherheit und Geborgenheit füreinander.

Pferd spürt jede kleine Emotion, die du durchlebst und vielleicht versuchst, zu unterdrücken. Dein Pferd spürt deinen Stress, den du von der Arbeit mit in den Stall gebracht hast. Es spürt deine Besorgnis vor dem Trecker, der gerade auf der Straße auf euch zukommt. Dein Pferd spürt, dass du erwartest, dass ihr die Lektion beim fünften Mal wieder nicht richtig reiten könnt. Und dein Pferd nimmt deine Emotionen auf und passt sich selbst an. Es ist genauso angespannt wie du nach der Arbeit. Es wird hektisch, wenn der Trecker näherkommt. Es wehrt

der bewusster und dosierter einsetzt und mit einer klaren Idee der Lektion reitest. Auch diese Emotionen nimmt dein Pferd auf und passt sich an.

Dein Pferd hat keine Wertung von guten und schlechten Ideen, die du bewusst oder unbewusst einbringst. Es hat nur das Bedürfnis, sich dir anzupassen. Hast du dich schon einmal dabei erwischt, wie du beispielsweise vom Pferd gefallen bist und danach gesagt hast, dass du schon wusstest, dass heute so etwas passiert? In vielen Fällen hat sich das Pferd dir einfach nur angepasst und das getan, was du gedanklich vorgegeben hast.

Pferde spiegeln immer ganz ungeschönt, wie du dich fühlst und was du über dich selbst und dein Pferd denkst. Mit Pferden umzugehen, ist in erster Linie Selbstreflexion und persönliches Wachstum, wenn du dies zulässt.

sich gegen deine Hilfen und führt die Lektion noch schlechter aus.
Dein Pferd spürt aber auch, wenn du tief ausatmest und dich freust, bei deinem Pferd zu sein. Es spürt, wie du trotz des Treckers die Schultern entspannt fallen lässt und dir vorstellst, wie dein Pferd mit locker hängendem Kopf neben dir läuft. Es spürt, dass du deine Hilfen wie-

Ich begegne vielen Pferden, bei denen mir von schwierigem Verhalten erzählt wird und gewarnt wird, was dieses Pferd bestimmt gleich tun wird. Trete ich nun selbst mit diesem Pferd in Kontakt, verbiete ich es mir, mir diese Warnungen und Erzählungen vorzustellen. Ich habe ein klares Bild im Kopf, was ich mir für dieses Pferd wünsche, welches Verhalten und welchen mentalen Zustand ich gerne hätte. Und genau dies lebe ich dann vor. Ganz vielen Pferden gebe ich so die Möglichkeit, anders zu agieren und Muster zu verlassen. Erlernte, festgefahrene Muster müssen in vielen Fällen noch durch Impulse von mir losgelassen werden, aber gerade Verhalten aus Unsicherheit und Verzweiflung wird von Pferden gerne sofort losgelassen, wenn sie die Chance bekommen. Natürlich kann ich Schmerzreaktionen und Traumareaktionen nicht wegzaubern. Aber gerade Schmerzen lassen sich manchmal daran erkennen, dass Pferde so gar nicht auf ein Harmonieangebot reagieren.

Pferde sind grundsätzlich sehr gerne in Harmonie mit uns und würden von sich aus keine Uneinigkeiten beginnen, es sei

Biete ich eine klare Intention und Körpersprache, sieht die Kommunikation mit dem Pferd einfach und harmonisch aus.

TIPP

Fang an, regelmäßig in den Interaktionen mit deinem Pferd innezuhalten und deinen eigenen Gedanken zu lauschen. Was sagt da die Angst? Was sagt das Ego? Welcher dieser Gedanken hilft dir und deinem Pferd wirklich weiter? Welcher drängt sich in den Vordergrund und löst ein Gefühl aus, dem dein Pferd fälschlicherweise nachkommen könnte? Wenn du dir dies zur Angewohnheit machst, wird es dir und deinem Pferd viel leichter fallen, harmonisch miteinander zu interagieren.

denn, sie sind der Auffassung, dass unsere Handlungen ihre Sicherheit und ihr Überleben gefährden. Wenn das Pferd feststellt, dass wir keinen Vorteil für ihre Sicherheit bieten, muss es instinktiv anfangen, für sich selbst zu sorgen. Dies passiert beispielsweise, wenn du sehr nervös und angespannt mit deinem Pferd im Gelände unterwegs bist. Dein Pferd fühlt sich womöglich nicht sicher mit dir alleine und entscheidet sich, schnell zum sicheren Stall zurückzukehren, um sich selbst zu schützen. Oder dein Pferd lässt sich nicht von dir einfangen, weil es deine Unzufriedenheit bereits gespürt hat und lieber in seiner harmonischen Herde bleiben möchte. Auch in diesen beiden Beispielen spiegelt das Pferd deine Emotionen. Es spiegelt lediglich deine Nervosität oder deine Unzufriedenheit. Diese beiden Emotionen sind für das Pferd kein Überlebensvorteil und es entscheidet sich gegen deine Anwesenheit und für die eigene Sicherheit.

SICHERHEITSVERSPRECHEN

Für das Pferd ist die eigene Sicherheit sehr wichtig. Das Gehirn des Fluchttieres Pferd ist ständig damit beschäftigt, mögliche Gefahren ausfindig zu machen und sich selbst davor zu schützen. Das ist ein anstrengender Job. In der Herde teilen sich die Pferde diese Aufgabe zum Glück und sorgen so gemeinsam für Sicherheit. Junge und unerfahrene Pferde wenden sich an souveräne Artgenossen, um zu verstehen, welche Reize gefährlich sind. Das Sicherheitsbedürfnis wird für das Pferd noch größer und wichtiger, wenn wir es aus der Herde entfernen. Es kann die Aufgabe des Aufpassens nicht mehr mit den Artgenossen teilen und sich auch nicht an ihnen orientieren. Dadurch entsteht für das Pferd erstmal ein großer Nachteil, wenn es die Herde verlassen soll. Es eröffnet für uns auf der anderen Seite eine große Chance, für das Pferd von Vorteil zu sein. Wir dürfen die Sorgen und Fragen unseres Pferdes über die

Das Sicherheitsversprechen gibt Pferden die Möglichkeit, auch in unbekannten Situationen Ruhe und Halt zu finden.

Reize der Umwelt sehen, anerkennen und ihm dann vermitteln, dass keine Gefahr droht. Wir geben ein Sicherheitsversprechen, dass wir uns in den allermeisten Situationen auskennen und das Pferd beschützen werden. Wir versprechen, dass sich das Pferd bei uns gut aufgehoben und wohlfühlen kann. Da wir eine ganz andere Auffassung von Sicherheit und Gefahr als unsere Pferde haben, sollten wir ihre Sichtweise so gut wie möglich kennenlernen und beachten. Es ist ein Lernprozess, zu verstehen, welche Reize Pferde verunsichern und stressen. Zuhören und Hinsehen, das zählt. Pferde wollen gesehen werden, in der Herde achten alle auf alle. Diese Achtsamkeit wird auch von uns erwartet, sonst kann sich das Pferd nicht sicher fühlen. Seine Meinung muss zählen.

Stell dir vor, du hast ein ernsthaftes Sicherheitsbedenken und alle um dich herum zucken nur mit den Schultern. Du bist Beifahrer(in) und der eine Vorderreifen macht komische Geräusche, dir fällt auf einer großen Veranstaltung eine suspekte Person auf, was auch immer. Du teilst deine Bedenken mit und äußerst, dass du dich sorgst. Wirst du ignoriert oder deine Angst heruntergespielt, gibt dir dies ein schlechtes Gefühl. Nicht nur die Situation oder der Reiz bereitet dir Sorge, sondern auch das Verhalten der Person, der du dich anvertraut hast, löst weiteres Unbehagen aus.

Unsere Pferde haben genau solche ernsthaften Sicherheitsbedenken. Das Pferdegehirn ist nicht dafür ausgelegt, in unserer Welt klarzukommen. Es funktioniert am besten mit viel Platz, um sich frei bewegen und fliehen zu können in einer Umgebung, die sich selten oder nur sehr langsam verändert. Es ist evolutionär auf die Umwelt ausgelegt, in der Pferde natürlich leben. Es ist nicht für all die Situationen gemacht, in die wir unsere Pferde so selbstverständlich jeden Tag bringen. Dementsprechend ist das Pferd in unserer Welt mit Autos, Mülltonnen und Plastiktüten oft reizüberflutet. Eine Vielzahl an Bewegungen, Geräuschen, Berührungen und Gerüchen, oft plötzlich und gleichzeitig. Es verändert sich andauernd etwas. Heute steht die Schubkarre hier, morgen da. Der Wasserschlauch ist anders aufgerollt. Das Licht in der Reithalle wurde ausgewechselt. Die Autos sind lauter, wenn die Straße nass ist. Zudem besitzt das Pferdegehirn keine Kategorisierung. Die Schubkarre gefüllt mit Mist hat nichts mit der an der Wand angelehnten Schubkarre zu tun. Jede Veränderung in der Umwelt wird wahrgenommen und hinterfragt. Manchmal werden durch die Reizüberflutung Reize übersehen und erst später erkannt und verarbeitet, was zu plötzlichem Scheuen führen kann. Ein Pferd zu sein, ist nicht einfach. Umso wichtiger, dass wir uns ehrlich um seine Sicherheit kümmern.

In meiner täglichen Arbeit habe ich erkannt, dass unser Sicherheitsversprechen das wichtigste Anliegen der meisten Pferde ist.

KAPITEL 3

DER MENSCH FÜR DEIN PFERD SEIN

Nun haben wir viel darüber gesprochen, was sich dein Pferd von dir wünscht. Wie kannst du diesen Wünschen konkret in der Praxis nachkommen?

Der Mensch für dein Pferd sein

Einen wichtigen Schritt hast du bereits getan, denn du bist dir jetzt dessen bewusst, was auf der Wunschliste deines Pferdes steht. Das Bewusstsein darüber allein wird dein Verhalten und deine mentale Einstellung gegenüber deinem Pferd bereits verändern. Was du genau in der Praxis tun kannst und worauf dein Fokus liegen sollte, darüber sprechen wir jetzt.

BERECHENBARKEIT

Das Sicherheitsversprechen an dein Pferd baut auf Berechenbarkeit auf. Dein Pferd kann deine Handlungen oft nicht nachvollziehen, weil du nach keinem Muster agierst und nicht instinktgebunden wie dein Pferd bist. Das Gehirn deines Pferdes ist mit ganz anderen Schwerpunkten aufgebaut als deins und es kann deinen logischen und unlogischen Schlüssen nicht folgen, wenn diese auf keinem verständlichen Muster aufbauen. Deine Emotionen kann es oft nicht verstehen, weil es deren Ursprung nicht folgen kann. Deshalb solltest du dich in deinen Aktivitäten vereinfachen, um für dein Pferd vorhersehbarer zu sein. Dein Pferd sollte sich keine Sorgen machen müssen über unverständliche Aktionen und Reaktionen von dir, denn so kann es viel besser mit dir harmonieren und auch deinen Bitten nachkommen, wenn es die Sicherheit deiner Person nicht in Frage stellen muss. Wenn dein Pferd weiß, welches Verhalten es von dir erwarten kann, wenn es selbst eine bestimmte Handlung ausführt, kann es abwägen, wie es sich verhalten sollte. Weiß dein Pferd beispielsweise, dass du ein Leckerli herausrückst, wenn es nur lange genug an deiner Jackentasche knabbert, so ist das ein Verhalten, welches sich für dein Pferd durchaus lohnt. Weiß dein Pferd, dass du es immer ignorierst oder aus deinem Raum schickst, wenn es bettelt, so wird es dieses Verhalten nicht zeigen, da es nicht zielführend ist. Reagierst du unvorhersehbar mal so und mal ganz anders, bist du für dein Pferd unberechenbar. Mal lohnt sich das Betteln und mal wird es gegebenenfalls sogar bestraft. Einige Pferde werden dann fordernd, da Frustration aufkommt. Andere Pferde verunsichert dein Verhalten und sie ziehen sich zurück. So oder so bricht das Vertrauen deines Pferdes in dich und dein Sicherheitsversprechen ein wenig. Dies ist nur ein kleines Beispiel, aber genau diese Unberechenbarkeit in vielen Situationen bringt Misstrauen und Frust in eure Beziehung. Sprunghaftigkeit und sich ungehalten von den eigenen Emotionen leiten zu lassen, hat keinen Platz in einer fairen Pferd-Mensch-Beziehung.

Berechenbarkeit in die Praxis umzusetzen, ist manchmal gar nicht einfach. Ich orientiere mich an Klarheit, Zuverlässigkeit und Flexibilität. Daraus ergibt sich eine strukturierte Handlungsempfehlung für dich.

KLARHEIT

Am besten startest du mit Klarheit. Klarheit in deinen Hilfen und Signalen, in deiner Körpersprache, in deinen Gedanken, deiner Energie und deinen Aktionen. Deine Hilfen müssen klar verständlich sein, indem du sie so ausführst, wie du es immer tust. Deine Gedanken müssen zu dem passen, was deine Körpersprache gerade kommuniziert. Deine Energie muss zielstrebig sein und zur Anforderung an dein Pferd passen. Alle Kommunikationswege, über die dein Pferd dich liest, müssen so klar und einheitlich wie möglich sein. Das erleichtert deinem Pferd, dich zu verstehen. Um dies zu er-

Klarheit zieht sich durch all meine Gedanken, Gefühle, Handlungen und Signale.

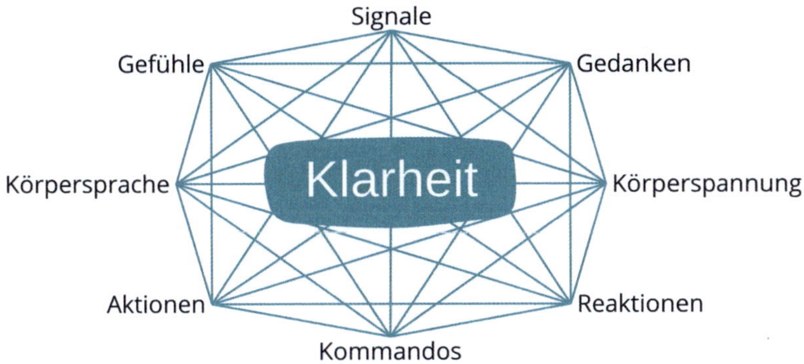

Klarheit entsteht, wenn die verschiedenen Botschaften an dein Pferd sich gegenseitig unterstützen und nicht widersprechen.

reichen, benötigt es einiges an Selbstreflexion und Organisation. Es ist hilfreich, immer wieder jemanden von außen zuschauen zu lassen oder sich selbst zu filmen. Oft frage ich meine Kunden und Kundinnen, was sie eigentlich gerade ihr Pferd fragen. Dies sind dann die Momente, wo sie innehalten und feststellen, dass sie das selbst nicht so genau wissen. Klarheit fängt mit der Intention der Kommunikation an. Was möchte ich von meinem Pferd? Habe ich ein klares Bild im Kopf, was mein Pferd tun soll und wie es sich dabei im besten Fall fühlen soll? Weiß ich auch technisch, welche Hilfe ich geben muss? Deine Hilfengebung sollte kein Rätsel für dein Pferd sein, sondern eine Hilfestellung. Deswegen heißt es ja »Hilfengebung". Dein Pferd sollte so wenig Zeit wie möglich damit verbringen müssen, dich zu entziffern. Je leichter du zu verstehen bist, desto sicherer kann sich dein Pferd fühlen.

ZUVERLÄSSIGKEIT

Zuverlässigkeit braucht dein Pferd in verschiedenen Bereichen. Einmal braucht dein Pferd Zuverlässigkeit und Beständigkeit in seinem Alltag. In der Wildbahn führen Pferde ein sehr autonomes Leben. Bei uns entscheiden wir je nach Haltung unterschiedlich stark, wann unsere Pferde was tun, wo sie sind und mit wem. Je unzuverlässiger und unsteter der Alltag dabei ist, desto gestresster ist das Pferd. Beispielsweise unregelmäßige Fütterungszeiten, ein dauerhaftes Hungergefühl oder keine stabile (kleine oder große) Herde, die Sicherheit und Zufriedenheit bietet, bedeuten Stress für das Pferd. Ein Pferd mit solchen Sorgen kann sich gar nicht richtig auf uns konzentrieren, geschweige denn eine Leistung erbringen. Die körperlichen und mentalen Grundbedürfnisse müssen erfüllt sein, bevor wir überhaupt an Training, Ausflüge und alles Weitere denken dürfen.

Das Pferd muss in erster Linie Pferd sein dürfen.

Ich werde regelmäßig zu Pferden mit Verhaltensauffälligkeiten gerufen, die als massiv gefährlich eingestuft wurden. Stehen diese Pferde in einer stark unnatürlichen Haltung, wie beispielsweise durch stark begrenztes Heu, Paddock- und/oder Weidegang nur alleine und auf kleinen Flächen und langen Boxenzeiten, so sind diese Pferde in den meisten Fällen ganz ohne mein Training völlig unproblematisch nach einem Stallwechsel in eine pferdefreundlichere Haltung. Wir dürfen nie vergessen, wie wichtig Sicherheit, Autonomie und Bewegung für unsere Pferde sind. Nicht nur körperlich, sondern ganz stark auch psychisch.

An dieser Stelle möchte ich eine kurze Geschichte erzählen. Ich wurde zu einem großen Wallach gerufen. Niemand traute sich mehr, ihn von A nach B zu führen. Er stieg, trat, riss sich los und rannte einen um. Beim Reiten gab es auch schon einen heftigen Vorfall, aber ansonsten zeigte er sich dabei noch am bravsten. Seine Besitzerin hatte großen Respekt vor ihm. Ich ließ mir die Situation erklären und seine Besitzerin führte ihn in die Reithalle. Die Hallentür war noch gar nicht geschlossen, da sprang er an ihr vorbei auf mich zu, drehte sich um und kickte auf Augenhöhe in meine Richtung aus. Ich nahm ihn der Besitzerin ab und erklärte ihm mit Ruhe, aber klarer Konsequenz, wie er seine Energie in Bewegung umsetzen durfte, ohne mich dabei in Gefahr zu bringen. Er verstand schnell und nach einiger Zeit konnte ich mich hinhocken und er senkte sofort den Kopf, atmete tief aus und genoss die Ruhe. Ich erklärte seiner Besitzerin einiges zum Handling des Wallachs und wir trafen uns einige Male zum Unterricht. Ich stellte aber schnell fest, dass das Problem nicht im Umgang, sondern in der Haltung lag. Es war kurz vor der Weidesaison. Der Wallach stand nachts in einer Box und tagsüber auf einem Paddock, welcher nicht viel größer als die Box war. Er stand allein, und auch die aufgeteilten Weidestücke waren klein und boten keinen Platz, sich mal so richtig zu bewegen. Ich half beim Umzug des Wallachs in ein neues Zuhause. Er zog mit einer Stute zusammen auf einen sehr großen Paddock und im Sommer auf eine große Weide. Das nächste Mal trafen wir uns nicht mehr, um daran zu arbeiten, dass er niemanden aus Versehen verletzte, sondern wir übten mit einem ruhigen, ausgeglichenen Pferd das Spazierengehen. Sind die Grundbedürfnisse nicht erfüllt, müssen wir uns nicht wundern, wenn Pferde zur Gefahr werden.

Neben der Zuverlässigkeit im Alltag ist die Zuverlässigkeit unserer Person sehr wichtig. Wir sollten zuverlässig in unseren Handlungen sein, ja sogar vorhersehbar. Denn wenn dein Pferd schon absehen kann, wie du reagierst, kann es abwägen, ob es eine Handlung durchführt oder nicht. Dein Pferd wird damit berechenbarer. Auch eine Konsequenz deinerseits ist angebracht. Sei dir sicher, welche Grundregeln du mit deinem Pferd festlegen möchtest. Wir besprechen zu einem späteren Zeitpunkt meine persönlichen Grundregeln mit allen Pferden. Konsequenz im Beachten dieser Grundregeln gibt deinem Pferd Sicherheit, denn es weiß, woran es ist und was dir wichtig ist. Sinnvoll aufgestellte Regeln können auch das Nervensystem deines Pferdes in angespannten Momenten regulieren.
Zuverlässigkeit ist der Grundstein für Vertrauen. Vertrauen entsteht durch wiederholte Zuverlässigkeit in Handlungen, Versprechen, Plänen und Abläufen. Wir sind für unsere Pferde schon kompliziert genug in unserem Verhalten, Unzuverlässigkeit sorgt für Skepsis und Selbstschutz seitens des Pferdes.

Zuverlässigkeit bedeutet Vertrauen und Frieden.

FLEXIBILITÄT

Flexibilität im Sinne von »nicht starr beharren« ist für die Pferde sehr wertvoll. Es lässt eine wechselseitige Kommunikation zu. Du schlägst etwas vor, wartest die Antwort deines Pferdes ab und gehst darauf ein. Kommunikation ist keine Einbahnstraße, indem wir das durchsetzen, was wir geplant haben. Das Pferd ist ein eigenständiger Kommunikationspartner, dessen Meinung wertvoll und wichtig ist. Gesehenwerden und Gehörtwerden geben ein sicheres Gefühl.

Flexibilität braucht eine sichere Basis, sodass wir wissen, dass das Pferd unseren Raum wahrt, und das Pferd weiß, dass wir unser Sicherheitsversprechen halten. Doch es ist nicht so, dass wir erst eisern diese Sicherheit herstellen und danach auf die Meinung des Pferdes achten. Vielmehr passiert beides gleichzeitig und dies ist manchmal ein schmaler Grat.
In den meisten Fällen versucht das Pferd, Ängste und Sorgen auszudrücken, auch mit den für uns gefährlichen Verhaltensweisen. Wir dürfen dem Pferd dann erklären, dass wir auf seine Meinung achten, auch wenn es diese etwas vorsichtiger ausdrückt, und dass wir bemüht sind, zu helfen. Oft ist es so, dass Jungpferde noch nicht genug Selbstkontrolle gelernt haben, um sich sicher auszudrücken. Oder das Pferd hat gelernt, dass auf seine Meinung keine Rücksicht genommen wird, sofern es diese nicht laut und deutlich zeigt. Dementsprechend ist es nicht hilfreich, hart und unempathisch unseren Raum herzustellen und dabei jegliches Verhalten des Pferdes unterdrücken zu wollen, bis dieses in unsere Idee passt. Wir brauchen Raum und die Gewissheit, dass das Pferd darauf achtet, uns nicht zu verletzen. Trotzdem gibt es immer einen Grund für jedes Verhalten, und dafür im selben Moment eine Lösung zu finden, ist Teil unseres Sicherheitsversprechens.

Diese Basis darf geduldig und konsequent erklärt werden. Deine Klarheit und Zuverlässigkeit machen dies möglich. Unsere Pferde müssen keinesfalls auf uns hören und uns vertrauen, nur weil wir das gerne so hätten. Dass das Pferd uns als Vorteil und wertvollen Partner sieht, dürfen wir uns erarbeiten.

Sofern diese sichere Basis erreicht ist, können wir dem Pferd ein großes Mitspracherecht über unsere gemeinsame Zeit einräumen. Wir sind flexibel in unseren Plänen. Dein Pferd ist besonders energiegeladen heute? Dann machst du neben der konzentrierten Arbeit an der Hand auch Platz für Freilauf oder freies Spielen. Dein Pferd weicht beim Aufsteigen heute in fremder Umgebung aus? Vielleicht fühlt es sich nicht sicher genug und fragt nach mehr Unterstützung auf Augenhöhe.

Wir dürfen einen roten Faden haben und trotzdem flexibel von unserem Weg abweichen, um das Pferd mitzunehmen auf die Reise. Verweigerungen des Pferdes sollte mit Empathie und Kreativität begegnet werden, nicht mit Druck und Kraft. Das Festhalten an Erwartungen ist

Hören und Gehörtwerden lässt eine Kommunikation auf Augenhöhe entstehen.

tödlich für unser Sicherheitsversprechen, unsere Berechenbarkeit und die Motivation des Pferdes.

Je mehr wir für das Pferd eine Orientierung bieten, ein Sicherheitsanker sind, desto mehr wird sich das Pferd an uns richten, mit allen Fragen und Sorgen. Ja, wir müssen konsequent sein, um berechenbar zu sein, dabei dürfen wir aber nicht die Flexibilität verlieren und unser Pferd übergehen.

Klarheit, Zuverlässigkeit und Flexibilität sind die drei Säulen, an denen du dich orientieren kannst für mehr Berechenbarkeit, und um schlussendlich die Wunschliste deines Pferdes erfüllen zu können.

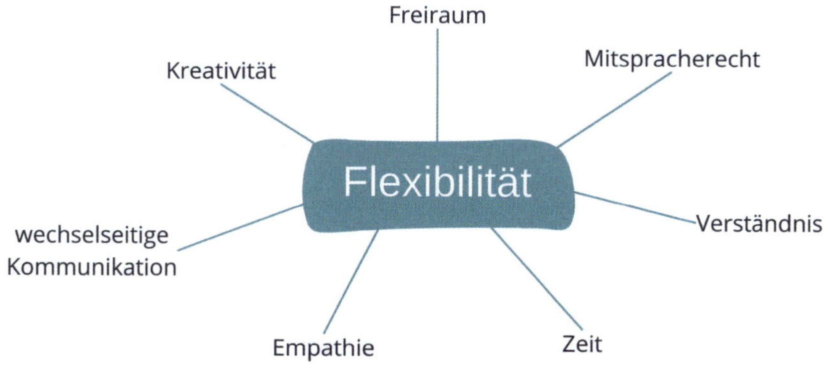

Flexibilität fängt bei uns im Kopf an.

KAPITEL 4

IDEE DES MITEINANDERS

Mit welcher Idee gehst du in die Kommunikation mit deinem Pferd? Auf welchen Werten baut eure Partnerschaft auf? Wie sieht euer Miteinander aus?

Idee des Miteinanders

Die Kommunikation zwischen dir und deinem Pferd ist etwas ganz Besonderes, was beschützt werden sollte. Dein Verständnis von eurem Miteinander formt eure Partnerschaft und die Art und Weise, wie dich dein Pferd sieht.

Es ist sehr gängig, aus dem Verhalten in der Herde unsere Kommunikation mit dem Pferd abzuleiten. Dabei wird meist an einem veralteten Ansatz festgehalten, dass Pferdeherden eine Dominanzhierarchie haben, in der alle Pferde einander dominieren oder sich unterwerfen. Das ist schlichtweg falsch. Die Beziehungen sind weitaus komplexer. Es gibt keine Rangfolge von oben nach unten, sondern bilaterale Beziehungen zwischen den einzelnen Pferden. Jedes Pferd hat mit allen Pferden der Herde ein individuelles Verhältnis, welches nicht abhängig von den Beziehungen zu anderen Pferden ist. Dabei ist auch dieses Konstrukt dynamisch. Es gibt hier also kein Schwarz und Weiß.
In einer harmonischen Herde geht es um ein bestmögliches Überleben in Harmonie und Sicherheit, nicht um das Gewinnen gegen andere Herdenmitglieder. Allgemein verspricht die Herde Sicherheit. In der Gruppe kann besser nach möglichen Gefahren Ausschau gehalten werden, sie können abwechselnd ruhen und aufpassen und sich gegenseitig warnen. Für Raubtiere ist eine Gruppe schwieriger anzugreifen als ein einzelnes Tier. Es muss Ruhe und Harmonie innerhalb der Herde herrschen, damit diese tatsächlich zur Sicherheit beiträgt. Wären die Pferde zu sehr miteinander beschäftigt und es würde viel Stress und Unruhe herrschen, bliebe keine Zeit für das Aufpassen.
Dazu kommt, dass Pferde von Natur aus Energiesparer sind. In der Wildbahn laufen sie viele Kilometer am Tag, und da jederzeit Gefahr drohen kann, wird unnötiges Energieverschwenden vermieden. Stress in der Herde wäre demnach ein großer Nachteil.
Pferde gehen miteinander langjährige Verbindungen ein und dies erschafft ein Gefühl der Sicherheit. Jedes Pferd ist dabei wichtig und ein Teil des Puzzles. Wie würde sich denn ein Pferd fühlen, welches, nach dem weitverbreiteten Verständnis einer Dominanzhierarchie, ganz unten in der Rangfolge ist und dementsprechend andauernd von allen anderen Pferden bewegt und verdrängt wird?
In unserer künstlichen Haltung, welche trotz aller Bemühungen nie perfekt sein wird oder zumindest nie der Realität in der Natur entsprechen wird, gibt es solche Pferde, die von allen vertrieben und gescheucht werden. In der Wildbahn gibt es solche Fälle nicht, die Zusammensetzung der Herde ist anders und es besteht immer die Möglichkeit, sich aus dem Weg zu gehen, da es keine räumlichen Grenzen gibt. Dementsprechend eignet sich

das Verhalten in unseren domestizierten Herden noch weniger als Vorbild für unseren Umgang mit dem Pferd als das natürliche Verhalten in der Wildbahn.

DOMINANZ

Dominanz im Umgang auf Grundlage von (falsch) angenommenen Dynamiken in der Herde hält sich hartnäckig in unserer Gesellschaft. Diese Theorie war ein vereinfachter Ansatz, das Pferdeverhalten zu erklären, und die Umsetzung lässt sich sehr einfach und äußerst erfolgreich anwenden. Die Wissenschaft ist heute glücklicherweise auf einem ganz anderen Stand bezüglich des Herdenverhaltens, der Kommunikation und des Lernverhaltens, aber es braucht Zeit und Menschen, die diese Erkenntnisse umsetzen wollen, damit sich der Standard verändert.
Oft wird mit Dominanz gearbeitet, weil man es so gelernt hat und alle anderen es eben schon immer so gemacht haben. Es funktioniert ja auch, zumindest für den Menschen. Da sind die Beweggründe, umzudenken, nicht vorhanden und das Risiko, dass es dann nicht mehr funktioniert, viel zu groß. Veränderung ist unbequem, und die eigene Realität zu hinterfragen, ist schwierig.
Die Gründe sind vielfältig. Angst vor der Größe, der Unberechenbarkeit und der schieren Kraft der Pferde befeuern diese Dominanzidee. Angst vor Kontrollverlust steht da weit oben auf der Liste. Das Pferd muss unter Kontrolle gebracht werden und man darf keine Schwäche zeigen, man muss das Leittier sein. Bloß nicht das Pferd gewinnen lassen.
In Zeiten, in denen Pferde für den Krieg trainiert wurden oder wo Pferde auch heute noch dazu gebraucht werden, eine Ranch am Laufen zu halten, ist eine schnelle, pauschale und einfache Ausbildung wichtig, damit zügig einsetzbare, verlässliche und von jedem bedienbare Pferde entstehen. Brauchst du so ein Pferd? Ist das in deiner jetzigen Situation notwendig? Wir halten heute aus anderen Gründen Pferde, deinen Grund hast du ja bereits zu Anfang des Buches klargestellt. Wenn sich der Grund und das Ziel ändern, dann sollten sich auch die Trainingsmethode ändern und veraltete Praktiken hinter uns gelassen werden. Denn für das Pferd steht immer die Harmonie im Mittelpunkt.

Unabhängig davon, ob du die Idee von Dominanz als Weg schon hinter dir gelassen hast, gerade loslässt oder dich noch nicht traust, weil du nicht weißt, wie der andere Weg genau aussieht kommt dir Folgendes sicherlich bekannt vor.

»Setz dich mal durch!«
»Der tanzt dir auf der Nase herum!«
»Zeig ihm, wer das Sagen hat!«
»Der muss machen, was du willst!«
»Der testet dich nur, lass dir das nicht gefallen!«

Diese Überzeugungen und Vorgehensweisen sind in vielen von uns tief verankert. Vielleicht bist du damit aufgewachsen, hast so den allerersten Umgang mit Pferden gelernt oder hörst sie sogar noch regelmäßig im Pferdealltag.

Das auf Dominanz basierende Training ist veraltet und lässt keinen Platz für Kommunikation.

Oft bekommen wir diese Art des Umgangs schon früh beigebracht. Dieser Umgang ist bequem. Man kann die eigene Meinung durchsetzen und muss nicht reflektieren. Und egal, wie sehr du diese Denkweise schon abgelegt hast, da ist manchmal ganz ungefragt diese leise Stimme, die sagt, dass du auf keinen Fall verlieren darfst.

Respekt spielt eine wichtige Rolle in dieser Art des Pferdeumgangs. Es gibt zwei Arten von Respekt. Respekt kann auf Scheu aufbauen, dieser Respekt äußert sich dann darin, dass das Pferd sich bemüht, kein Missfallen zu erregen. Das Pferd ordnet sich so gesehen unter und gibt für die eigene Sicherheit uns gegenüber die eigene Meinung ab. Wir sind hier die Gefahr, nicht nur die Reize von außen. Zur anderen Art von Respekt kommen wir gleich.

Was ist so problematisch an dem Umgang mit dem Pferd aus Dominanz und Kontrolle heraus? Zunächst beruht dieser Umgang auf einer veralteten Annahme über das Herdenverhalten. Sie entspricht schlichtweg nicht der Wahrheit. Sich weiterhin auf diese zu stützen, ist so, als würdest Du nicht zu lange in eine Richtung laufen, weil Du Angst hättest, von der Scheibe Erde zu fallen. Wir projizieren also ein Wertesystem und ein Verhalten auf das Pferd, dem das Pferd nicht folgen kann, weil es nicht seiner Natur entspricht.

In diesem alten Wertesystem ist der Umgang mit dem Pferd ein fortlaufender Kampf, den man immer und immer wieder gewinnen muss, damit es nicht gefährlich wird. Es wird davon ausgegangen, dass Pferde grundsätzlich gegen uns sind. Sobald der Umgang und das Training als Kampf angesehen werden, wird es einen Gewinner und einen Verlierer geben. Es ist kein Platz für Flexibilität und Partnerschaft. Wer dem Pferd gegenübertritt, bereit einen Kampf einzugehen, verwehrt dem Pferd jegliche Möglichkeit, sich mitzuteilen. Es wird nicht hinterfragt, woher widersetzliches Verhalten kommt. Ob Schmerzen oder Angst dahinterstehen, ist außer Frage, weil es normal ist, dass das Pferd nicht mitarbeiten will und mit allen Mitteln dazu gebracht werden muss. Widersetzen und Verweigern ist demnach der normale Zustand. Dabei strebt das Pferd in Wahrheit immer nach Harmonie. Aus Harmonie geht Sicherheit hervor, und die ist für das Fluchttier essenziell. Ruhe und Frieden werden bevorzugt. Entsteht beim Pferd aber das Gefühl, dass der Mensch nicht im besten Interesse des Pferdes handelt, wird es anfangen, sich zu widersetzen. Der Mensch ist eine Gefahr und es wird demnach für die eigene Sicherheit gekämpft. Dies bestärkt den Zweibeiner darin, gewinnen zu müssen. So entsteht schnell ein Teufelskreis. Oder aber das Pferd sieht keinen Ausweg und gibt auf. Der Mensch hat den Kampf gewonnen. Hier sind wir dann allerdings oft bei erlernter Hilflosigkeit und Depressionen. Die meisten Pferde leiden still und tun so viel für die Harmonie und den eigenen Schutz, dass sie auch mit den schlimmsten Situationen und Schmerzen, von außen betrachtet, fast unbemerkt klarkommen.

Pferde spüren, wenn wir FÜR sie und unsere gemeinsame Zeit sind.

ANERKENNUNG

Die andere Art von Respekt finde ich weitaus schöner. Respekt kann auch auf Anerkennung beruhen. Dies ist eine vollständig andere Art von Respekt. Das Pferd orientiert sich an uns, weil es unser Verhalten und unsere innere Haltung für nachvollziehbar, sinnvoll und hilfreich hält. Es orientiert sich freiwillig an uns für die eigene Sicherheit, damit wir es dabei unterstützen, die Umwelt zu verstehen. Wir sind von Vorteil, und das Pferd hat Anerkennung für die Art, wie wir uns geben.

Respekt durch Scheu können wir einfordern, Respekt durch Anerkennung nur verdienen. Die Entscheidung ist deine. Welche Wahl ich getroffen habe, weißt du.

Um uns diese Anerkennung zu verdienen, muss der Umgang von uns aus auf Harmonie und Selbstreflexion beruhen. Harmonie und Frieden mit deinem Pferd ist natürlich leicht, solange keine Konflikte bestehen. Lass uns deshalb über Konflikte sprechen. Dies sind wunderbare Momente, um gemeinsam zu wachsen und zu reflektieren. Hier entscheidet sich, ob du dein Pferd hörst und unterstützt.
Denn was, wenn es zu Problemen kommt? Wenn ihr euch gegenseitig nicht versteht? Was, wenn dein Pferd widersetzlich reagiert?
Widersetzliches Verhalten darfst du erstmal nicht persönlich nehmen und nicht emotional darauf reagieren.

Dein Pferd ist nie gegen dich, sondern immer für sich selbst.

Aus der Ich-Perspektive wirst du nicht verstehen, wo das Problem deines Pferdes liegt. Du musst in die Rolle deines Pferdes schlüpfen, um den Standpunkt deines Pferdes nachvollziehen zu können. Natürlich bist du in vielen Fällen der Auslöser für das Verhalten deines Pferdes, es kann aber auch genauso gut ein Reiz aus der Umwelt sein, ein Schmerz oder eine Reaktion auf eine (traumatische) Erinnerung. Wenn du das Verhalten als persönlichen Angriff gegen dich aufnimmst, reagierst du emotional aus einer Sicht, die dein Pferd nicht nachvollziehen kann. Denn was niemals passieren wird, ist, dass dein Pferd dir aus Boshaftigkeit schaden möchte. Dein Pferd arbeitet in solchen Momenten nicht gegen dich, sondern es sorgt für sich selbst. Dies ist ein wichtiger Unterschied. Das Pferd will dir nie eins auswischen. **Was für dich ein Problemverhalten ist, ist für dein Pferd das Lösungsverhalten.** Dadurch ist es nicht zielführend, das problematische Verhalten unterbinden zu wollen oder als persönlichen Angriff zu sehen. Wenn du die Ursache nicht gefunden hast, wird das Verhalten an anderer Stelle erneut auftreten. Das wahre Problem deines Pferdes muss verstanden und im Sinne des Pferdes behoben werden. Dann werden das Vertrauen und Sicherheitsgefühl des Pferdes gestärkt.
Natürlich sind Korrekturen grundsätzlich nicht falsch. Sie verkörpern deine Konsequenz, zeigen deinem Pferd Grenzen auf und tragen zu eurer Sicherheit bei. In manchen Situationen musst du dein Pferd kurz korrigieren, aber das muss

eine kurze, angemessene und zielgerichtete Korrektur sein. Der wichtigste Punkt bei einer Korrektur ist die Reflexion. Bereits in der Korrektur musst du reflektieren, warum es zu dieser Korrektur gekommen ist und wie du die Situation in Zukunft früher deeskalieren kannst. Denn du hast in jeder Situation die Verantwortung. Du bist der agierende Part, der das Pferd in die jeweilige Situation bringt. Du führst dein Pferd über die Straße, bindest es an oder reitest es. Dein Pferd kommt mit den Situationen, so gut es kann, zurecht. Auch für die Vorbereitung auf diese Situationen und den damit verbundenen Erfolg oder Misserfolg, sprich für die Bewältigung der Situation, bist du verantwortlich. Das bedarf Übung, Selbstreflexion und oft auch Hilfe von außen.

Dein Pferd und du, ihr sitzt im gleichen Boot und du bist dafür verantwortlich, euch über die Wellen zu manövrieren.

Um dies in die Praxis umzusetzen, stelle dir folgendes Szenario vor: Dein Pferd rempelt dich beim Laufen mit der Schulter stark an. In diesem Moment kannst und solltest du den Abstand zwischen euch wieder herstellen, indem du dein Pferd aus deinem Raum entfernst. Im selben Moment solltest du aber auch nach dem Auslöser für dieses Verhalten suchen. Der Grund ist eben nicht, dass dein Pferd dir irgendeinen Rang streitig machen möchte. Bevor du also dein Pferd

REFLEXIONSFRAGEN

- **Vorbereitung:** Kennt das Pferd die eben gebrochene Regel so gut, dass dies nicht hätte vorkommen dürfen, oder sind die Grenzen aufgrund von Inkonsequenz oder fehlender Wiederholung verschwommen? Hat das Verhalten in der Vergangenheit vielleicht sogar einen Vorteil mit sich gebracht?
- **Eigene Verpflichtungen:** Hast Du alle nötigen Bedingungen erfüllt und dich an deine Regeln gehalten, sprich warst du voll und ganz mit der Aufmerksamkeit bei deinem Pferd?
- **Gehirn des Pferdes:** Ist die Situation aus einer Instinktreaktion deines Pferdes heraus entstanden, welche dein Pferd dementsprechend nicht aktiv steuern konnte?
- **Lernen für die Zukunft:** Hättest Du präventiv deeskalierend einwirken können?

Selbstreflexion macht uns zu wertvollen Partnern für die Pferde.

beschuldigst, solltest du ein paar Aspekte berücksichtigen, die dir helfen, die Situation zu reflektieren und in Zukunft zu beheben.
Diese Analyse soll dir helfen, mit Offenheit und Empathie zu reagieren. Dein Umgang wird fairer und du kannst falsche Muster erkennen und beheben. Innehalten und reflektieren ist meist der Schlüssel.

Wenn du ein guter Partner oder eine gute Partnerin für dein Pferd bist, dann wird sich dein Pferd dir anschließen. Es gibt keinen Kampf, es gibt keinen Gewinner und keinen Verlierer. Ihr seid auf einer gemeinsamen Reise.

Ohne den Aspekt des Kampfes handelt es sich bei Situationen, wie der gerade beschriebenen, gar nicht um einen Konflikt, sondern vielleicht noch um ein Missverständnis, aber vor allem um eins. Es handelt sich um Kommunikation. Um eine Unterhaltung. Die Begegnungen zwischen dir und deinem Pferd, eure gemeinsame Zeit ist eine Unterhaltung. Du darfst sprechen und zuhören, genauso wie dein Pferd.

Dein Pferd ist sowieso auf Harmonie aus. Es liegt in deiner Hand, eine konfliktarme, sichere und respektvolle Kommunikation zu erschaffen.

Natürlich gibt es Pferde, die aufgrund vergangener Erfahrung erst neu erkennen dürfen, dass diese Harmonie mit Menschen möglich ist und dass wir wertvolle Partner sind. Das instinktive Bedürfnis ist immer im Pferd vorhanden. Wir können es gemeinsam finden. Der erste Schritt liegt bei dir.

NEIN DES PFERDES

Was, wenn mein Pferd Nein sagt? Was, wenn mein Pferd nicht das macht, was ich erwartet habe? Wenn ich jetzt das Nein zulasse, sagt mein Pferd dann immer Nein? Sagt mein Pferd überhaupt jemals Ja?

Die Einwilligung des Pferdes muss zentral sein, das Pferd wird nicht berührt, bewegt oder geritten, ohne dass es dem zustimmt.

Wenn sich das Pferd sicher in meiner Gesellschaft fühlt, fit und schmerzfrei ist und grundlegende Kommunikation mit uns gelernt hat, wird es natürlicherweise mit uns zusammen sein wollen. Das »Ja« ist dementsprechend nah.

Wenn ein Pferd unsere Frage mit einem »Nein« beantwortet, ist dies der perfekte Moment, um das Sicherheitsversprechen einzuhalten und/oder kreativer zu erklären oder zu motivieren. Es gibt nur eine Handvoll Gründe, weshalb unser Pferd eine Frage verneint.

Wenn sich das Pferd Sorgen um die eigene Sicherheit macht, dürfen wir an uns und unserem Vermitteln von Sicherheit arbeiten sowie die Rahmenbedingungen und Anforderung anpassen, um dem Pferd entgegenzukommen.

Bei Schmerzen dürfen wir auf Ursachenforschung gehen und bei mangelndem körperlichen Können unsere Anforderungen anpassen, um dem Pferd entgegenzukommen.

Lohnt sich die Tätigkeit für das Pferd als Energiesparer nicht, dürfen wir den Motivator vergrößern oder verändern oder die Anforderung anpassen, um dem Pferd entgegenzukommen.

Erwartet das Pferd einen Nachteil durch die Tätigkeit, weil es in der Vergangenheit schlechte Erfahrungen damit gemacht hat, dürfen wir wieder die Anforderung anpassen, um dem Pferd entgegenzukommen.

Versteht dich dein Pferd nicht, darfst du dich kreativ und kleinschrittig neu erklären, bis dein Pferd dir folgen kann.

GRÜNDE FÜR EIN NEIN DES PFERDES

- **Es ist der Ansicht, dass diese Tätigkeit die eigene Sicherheit gefährdet.**
- **Es hat Schmerzen oder ist körperlich nicht in der Lage für die Tätigkeit.**
- **Die Tätigkeit ist nicht lohnenswert.**
- **Die Tätigkeit hat in der Vergangenheit Nachteile mit sich gebracht.**
- **Es versteht dich nicht.**

All diese Gründe geben uns eine Chance, unsere Kommunikation zu verbessern, statt fordernder zu werden. Kreativität und Verständnis sind hier Schlüsselbegriffe.

Ein Nein kann winzig klein sein. Ein Weichen von der Aufstiegshilfe weg, ein Kopfheben beim Halfteranziehen oder ein Versuch, beim Spaziergang umzudrehen. Um zu erkennen, ob es sich um ein »Nein« handelt, musst du in der Lage sein, sehr genau auf dein Pferd zu achten. Ihr kennt euch sehr gut und dein Pferd darf kleinschrittig und fundiert Neues lernen, sodass ihr eine gute Basis habt. Wenn ich meinem Pferd beim Einreiten nie beigebracht habe, ruhig an der Aufstiegshilfe zu stehen, kann es mir hier auch nicht mitteilen, wie es sich fühlt. Wenn ich beim Spazierengehen immer ein gestresstes Pferd habe, ohne daran zu arbeiten, kann ich kein »Nein« sehen, weil ich nie ein »Ja« habe. Klare Regeln und kleinschrittiges Erarbeiten schränken das Pferd nicht ein, sondern geben stattdessen den Platz, sich mitzuteilen.

Ein »Nein« ist immer eine Abweichung von dem routinierten, für beiden Seiten verständlichen Umgang. Es geht hier nicht um Instinktreaktionen, bei denen wir den Pferden den Reiz oder die Situation besser erklären müssen, sondern es geht darum, dass Routine plötzlich nicht möglich ist. Vielleicht hat das Pferd schlecht geschlafen, Schmerzen oder Stress in der Herde. Vielleicht mag es unsere Verfassung und Energie gerade nicht oder ist selbst mental nicht in der Lage, mit uns zu interagieren. Vielleicht ist die Umgebung aber auch anders als sonst und bereitet dem Pferd Sorge. Ich halte es für einen großen Vorteil, wenn Pferde dies selbst einschätzen können und sich nicht in Situationen bringen lassen, mit denen sie gerade nicht umgehen können. Um dir näherzubringen, was bereits als »Nein« gilt, habe ich zwei Beispiele für dich. Meine Stute Speedy hatte eine sehr schlechte Phase mit ihrem Equinen Asthma, und ich wollte sie verladen und für einen entspannten Spaziergang mit an den Strand nehmen. Eigentlich liebt sie den Strand. Sie lässt sich sonst immer ohne Probleme auf den Anhänger schicken. In dieser sehr akuten Phase hat sie das Verladen verweigert. Natürlich wäre sie mit mehr Nachdruck eingestiegen, wenn ich sie zum Beispiel unbedingt zum Tierarzt hätte fahren müssen. Das ist der Vorteil des fundierten Trainings in der Vergangenheit. Ihr kleines Verweigern, wo sie sonst mit einem klaren »Ja!« antworten würde, reichte völlig aus, um mir mitzuteilen, dass sie keinen Ausflug machen möchte. Als es ihr wieder besser ging, ist sie sofort ohne Probleme eingestiegen.

Ich hatte zu einer Pferdemesse ein tolles Jungpferd einer Kundin mit, welches ich im Sommer vor der Messe selbst eingeritten hatte. Ich konnte ihn in der Abreitehalle gut reiten und er war im Ring vor dem Publikum an der Hand mit jedem Messetag auch entspannter. So wollte ich ihn am letzten Messetag gerne auch vor Publikum kurz reiten. Er wich leicht aus, als ich den Fuß im Steigbügel hatte, und wiederholte dieses Verhalten, als ich erneut fragte. Da er sonst sehr gerne einparkte und mich aufsteigen ließ, wusste ich sofort, dass er sich in dieser Atmosphäre nicht sicher genug fühlte, um mich mit einem guten Gefühl aufsitzen

Einmal Nein bedeutet nicht immer Nein.

zu lassen. Er konnte die Situation einschätzen und hatte die Chance, sich mitzuteilen. Dementsprechend bin ich ihn nicht geritten.

Ein »Nein« heute bedeutet kein »Nein« morgen. Wenn mein Pferd sich mit mir wohlfühlt, die Aufgabe verstanden hat und in guter mentaler und körperlicher Verfassung ist, dann wird es nicht aus einer Laune heraus plötzlich immer »Nein« sagen. Wenn es einen Grund dafür gibt, natürlich schon. Dann sind wir in der Verantwortung, auf Ursachenforschung zu gehen. Wir können die Ausrüstung checken, das Gangbild und ob ein Schmerzgesicht besteht. Vielleicht hat auch ein Erlebnis am Selbstbewusstsein des Pferdes gerüttelt und wir müssen wieder etwas kleinschrittiger starten. Vielleicht bist du in letzter Zeit auch gestresst, hast Schmerzen oder andere Probleme und dein Pferd entzieht sich zum Selbstschutz.

Was auch immer es sein mag, einfach darüber hinweggehen und mit Druck halbe Sachen machen, wird dein Pferd und dich nicht glücklich machen und ist schnell gefährlich für euch beide.

Wenn du Angst vor einem »Nein« hast und deinem Pferd deshalb keine Wahl lassen möchtest, dann solltest du deine gesamte Idee der gemeinsamen Zeit mit deinem Pferd überdenken. Ein »Ja« zu bekommen, ist kein Hexenwerk. Es braucht aber Zeit, Selbstreflexion, fundiertes Wissen und Gefühl.

Wie echt und gesund ist unsere Beziehung zu unserem Pferd, wenn wir kein »Nein« erlauben?

ERWARTUNGEN UND ZUHÖREN: BRANDY

»Slow and steady wins the race!«

Das hat der kanadische Ranchbesitzer immer gesagt, auf dessen Ranch ich zweieinhalb Monate gearbeitet habe. Dort habe ich neben meinen täglichen Aufgaben und dem Umgang mit Gästen auch einige Pferde zugeteilt bekommen, mit denen ich gearbeitet habe. Darunter war die Curlystute Brandy. Sie war eine vorsichtige und sensible 12-jährige Palomino-Stute.

Brandy wurde bis zum vorletzten Sommer im Kinderunterricht eingesetzt und hatte dann leider einen Unfall, bei dem sie sich vor ihrem Reiter erschreckt hat, in ihren Zügel getreten ist und eine lange Strecke panisch mit dem angezogenen Gebiss im Maul alleine durch den Wald gerannt ist. Seitdem war sie sehr schreckhaft und vorsichtig. Das Reiten war seitdem ziemlich gefährlich, vor allem beim Aufsteigen schoss sie bei Unsicherheit los. Über den Winter wurde mit ihr nichts getan, bevor ich im April mit ihr startete.

Ich lernte sie kennen, als ich sie von der Weide holen wollte. Sie stand mit zehn anderen Stuten auf einer riesigen Wiese und wusste schon aus großer Entfernung, dass ich heute zu ihr wollte. Sie fing schon an, mir auszuweichen, obwohl unsere Entfernung voneinander noch groß war. Ich mochte sie direkt. Die Sensibilität sagte mir sehr zu. Brandy trug ein Halfter auf der Weide, um sie überhaupt einfangen zu können, und beäugte mich kritisch, während ich seelenruhig die anderen Pferde begrüßte. Sie schnupperte kurz an meiner Hand, bevor sie sich im schnellen Schritt wieder von mir entfernte. Ich ging in gebogenen Linien auf sie zu und ging immer wieder auf Abstand, sobald sie mich mit beiden Augen ansah. Manchmal fraß sie danach zum Stressabbau weiter, aber immer öfter beobachtete sie mich länger. Hin und wieder drehte sie mir aber auch ein wenig den Hintern zu. Das nahm ich nicht persönlich. Ich musste zwischendurch eine aufdringliche zweijährige Stute, lustigerweise ihre Tochter, abschütteln, wodurch ich sie ein paar Mal verlor. Ich wollte Brandy auf keinen Fall aufregen und ließ mir Zeit. Wir standen einige Meter voneinander entfernt, und als ich ganz bewusst tief ausatmete, bekam ich von ihr nur wenige Sekunden später einen tiefen Seufzer zurück. Dafür liebe ich die Pferde so. Die Harmonie siegt immer.

Ich arbeitete ähnlich mit ihr, wie ich es von Mustangs gewohnt war, und zog mich auch bei den ersten Berührungen kurz zurück, sobald sie Unwohlsein äußerte. Das gefiel ihr sehr gut und ich durfte sie streicheln. Ich arbeitete mich bis zum Hals vor, bevor ich das Seil einhakte. Auf dem Weg zum Gatter blieb sie ein paar Mal stehen und fragte, ob wir wirklich die Herde verlassen müssten. Sie wirkte ein wenig launisch und legte missmutig die Ohren an, aber dieses Selbstbewusstsein verschwand, als ich sie über den Hof führte und sie mit großen Augen einen Bogen um alles machte.

Ich ließ sie im Roundpen alles frei erkunden und ein paar Runden Schritt gehen. Als ich sie einlud, kam sie sofort zu mir und wir hatten direkt eine starke Verbindung in der Freiarbeit. Sie verstand das Weichen und Folgen, das hatte sicherlich schon mal jemand mit ihr gemacht. Ihr Fokus lag voll und ganz auf mir. Manchmal wirkte sie fast ein wenig empört, wenn ich kurz woanders hinsah. Sie war trotzdem sehr angespannt. Ich griff vorsichtig nach ihrem Widerrist und bewegte sie mit vorsichtigem Ziehen und Schieben hin und her. Sie tat sich schwer, locker zu lassen. Wenn sie einen kleinen Schritt zur Seite auswich, ließ ich sie gehen und probierte es einen Moment später nochmal vorsichtiger. Das half ihr sehr. Ich fing dann an, immer noch frei, das Seil vorsichtig über ihren Hals und Rücken zu schwingen. Davor hatte sie großen Respekt. Wenn ich Richtung Schulter gehen wollte, um dies zu wiederholen, blockierte sie mich, indem sie ihren Kopf zur Seite nahm und rückwärtswich. Hier Druck zu machen oder sie ans Seil zu nehmen, hätte sie entweder dazu gebracht, einzufrieren oder stärker mit Abwehr zu reagieren. Ich wartete schlichtweg ab, bis sie mir das Okay gab, und wiederholte dann meine Bewegungen mit dem Seil. Nach und nach wurde sie damit entspannter. Sie merkte, dass sie mich jederzeit ohne böse Folgen unterbrechen konnte. Brandy äußerte ihre Grenzen sehr vorsichtig, fast fragend,

obwohl ihr das Respektieren ihrer eigenen Grenzen sehr wichtig ist.
Wenn Pferde verstehen, dass ich ihnen diese Macht gebe, legt sich oft ein Schalter um und sie werden viel offener und mutiger, weil sie die Kontrolle haben, mich zu stoppen, wenn es doch zu viel wird. Und durch diese gewonnene Kontrolle geben sie gerne ganz viel Kontrolle ab. Mitspracherecht ist ein magisches Werkzeug. Pferde wollen sich sicher sein, dass wir für das gleiche Team spielen wie sie. Harmoniebedürftig. Sicherheitsbedürftig.
In den nächsten Tagen arbeiteten wir am Anfassen, an Bewegungen und Berührungen mit dem Seil und am Satteln. Beim Anblick des Sattels allein fing sie schon unkontrolliert an zu zittern. Sie hielt eine unglaubliche Spannung im Körper, bei der mir schon ein wenig mulmig wurde. Trotzdem machte sie ordentliche Fortschritte und ließ sich auch besser einfangen. Meistens stand ich sehr früh auf, um mit ihr morgens in Ruhe allein arbeiten zu können, ohne Reize von außen. Sie sprang einige Male bockend weg, wenn ich den Fuß im Steigbügel hatte oder eine Plastiktüte über ihrem Rücken bewegte. Ich stellte nach drei Wochen fest, dass es mir nicht wert ist, in einem fremden Land vom Pferd zu fallen. Das war mir zu gefährlich. Am Boden habe ich nie ein Problem, mit den gefährlichsten Pferden

Mit Geduld und ohne mentalen Druck wurde Brandy plötzlich doch zu einer sicheren Partnerin für mich.

zu arbeiten, aber im Sattel ist es nochmal etwas anderes, und der ein oder andere Sturz hat etwas Respekt mit sich gebracht. Bald sollte ein Cowboy aus Texas für den Sommer auf die Ranch kommen und sie reiten. Er würde jeden Bocksprung sitzen. So ganz passte mir das nicht, aber es war die sicherste Lösung für mich selbst.

Doch ich wäre nicht ich, wenn da nicht das zwanghafte Gefühl wäre, dem Pferd unbedingt helfen zu wollen. Nach meinen Grundsätzen, so sanft und mit so viel Würde wie möglich. Ich arbeitete also weiter mit ihr, schließlich hatte ich noch ein paar Wochen Zeit, bis der besagte Cowboy eintreffen sollte. Meine winzig kleine Erwartungshaltung war weg. Ich ließ den Sattel in der Sattelkammer und für zwei Wochen stellte ich mich jeden Morgen für eine Dreiviertelstunde auf die Aufstiegshilfe und atmete gemeinsam mit Brandy. Mal ließ sie mich mehr an ihren Rücken, mal weniger. Jegliches Hüpfen, Beinheben oder Drüberlegen fand sie zunächst sehr komisch und sprang weg. Nach und nach merkte sie, dass mich dies nicht störte. Ich fragte sie einfach erneut über ein leichtes Zupfen am Kopf, näherzukommen. Ich hatte ihr nicht beigebracht, auf Antippen der Gerte auf ihrer Kruppe einzuparken, wie ich es sonst gerne mache. Weil ich wollte, dass sie mir voll und ganz aus ihrer Zustimmung heraus ihren Rücken anbot und ich so kein kleines »Nein« übersehen konnte. Wir arbeiteten langsam am Erweitern ihrer Komfortzone. Je mehr wir die Grenzen der Pferde respektieren und ihnen Kontrolle über unsere Handlungen und ihren Körper geben, desto weniger Kontrolle möchten die Pferde haben, um sich wohl- und sicher zu fühlen. Und desto weicher und sorgenfreier werden die Pferde in der Interaktion mit uns.

Ich verbrachte viele Stunden mit immer wiederholendem In-die-Knie-Gehen und Wiederaufstehen, Bein-10cm-Heben und Wiederabsetzen. Einatmen und Ausatmen. Streicheln, über dieselbe Stelle an der Schulter, die ein von zwanzigmal doch wieder nicht okay war. Wann immer sie wollte, konnte sie sich von der Aufstiegshilfe entfernen, ohne böse Folgen. Ich lud sie schlichtweg wieder ein und durfte meistens ein paar Schritte zurückgehen. Selten konnten wir da ansetzen, wo wir am Vortag aufgehört hatten. Mich stört Kleinschrittigkeit nie, aber diese Situation war nochmal anders. Ich hatte nicht vor, mich auf ihren Rücken zu setzen und somit waren auch die kleinsten unterbewussten Erwartungen verschwunden. Genau das brauchte Brandy. Jemanden, der sich ihren Grenzen völlig anpasst und nicht versucht, sie zu drängen.

Ihr Schalter legte sich ziemlich plötzlich um. Sie wollte Körperkontakt. Sie drückte immer wieder ihren Kopf in meinen Bauch und ließ sich in den Arm nehmen. Auch das Über-ihren-Rücken-Legen, war nicht mehr so unangenehm für sie. Wir konnten zusammen atmen und ich konnte ihre Körperspannung mit meiner steuern. Ihre Mauern fielen Stück für Stück und sie wurde mutiger, ihre eigenen Grenzen zu überschreiten und durch Schreckensmomente zu gehen, statt sich zu entfernen. Ganz unspektakulär saß ich irgendwann ohne Sattel auf ihr und wir bewegten uns gemeinsam ein paar erste Schritte. Wir konnten das gemeinsame Atmen mit in diese neue Position nehmen, und ich fühlte mich kein einziges Mal unsicher auf ihrem Rücken.

Egal wie sehr wir uns einbilden und zusammenreißen, dass wir keine Erwartungen und keinen Druck ins Pferdetraining bringen, das hier hat mir nochmal die Augen geöffnet. Pferde sind feinfühliger, als wir es uns jemals vorstellen können, und sie spüren den innersten emotionalen Beweggrund unseres Handelns. Wenn diese Intention nicht mit den Vorstellungen des Pferdes übereinstimmt, wird das Pferd niemals den gleichen Weg wie wir freiwillig gehen wollen.
Wir machten unfassbar schnell Fortschritte nach diesen ersten paar Runden auf ihrem Rücken. Wir gingen ohne Sattel ins Gelände, und schon bald darauf wurde sie auch dem Sattel gegenüber offener und kurz darauf galoppierten wir durch den Wald. Sie liebte diese Ausritte. Schnell und trittsicher ist sie mit mir durch unwegsamstes Gelände gegangen, schnaubte ab und wusste genau, wann ich an Trab oder Galopp dachte. Ich fühlte mich absolut sicher auf ihrem Rücken aus dem einfachen, aber ausschlaggebenden Grund, dass Brandy mit mir auf ihrem Rücken voll und ganz einverstanden war.
Aber da endete unsere Reise nicht. Ohne viel Vorbereitung ritten wir den Jackpot auf der Ranch im Pole Bending und gewannen gegen die anderen Mädels, die hier arbeiteten, mit Abstand. Das schönste war allerdings, dass sie auch mit Publikum und meiner Aufregung völlig soft und durchdacht geblieben ist. Da sind mir schon ein paar Tränen in die Augen geschossen. Am Tag darauf habe ich den ersten Ritt mit drei Gästen auf Brandy geführt. Dabei sind wir gleich einen 2 ½ Stunden Ritt durch das schwierigste Terrain geritten. Ich konnte voll und ganz auf Brandy zählen. Ich konnte absteigen und einfach wieder aufspringen, mich im Sattel verrenken und Videos aufnehmen. Sie war trittsicher und klar im Kopf.
Sie konnte von einer tollen Reitschülerin auf der Ranch regelmäßig weiter geritten werden. Über ein Jahr später kam ich auf die Ranch zurück und eines der ersten Male zurück auf ihrem Rücken war ein spontaner Ritt ohne Sattel, um die ausgebrochenen Kühe aus dem Unterholz wieder zurück zur Ranch zu treiben. Sie machte, ohne zu zucken, einen tollen Job. Ich nahm sie während meines sechswöchigen Aufenthaltes viele Male mit auf Ritte, mit Gästen oder auch alleine. Dabei musste ich immer wieder lächeln, da sie eins der Pferde ist, das so fokussiert und im Einklang mit dem Reiter ist, dass sie immer genau wusste, wann ich traben, galoppieren oder durchparieren wollte, und genau im richtigen Moment die Entscheidung traf. Und das, obwohl wir uns gar nicht so gut kennen. Hilfengebung ist irgendwann nicht mehr »Mit-dem-Schenkel-Treiben« und »Zügelaufnehmen«. Es passiert nur noch durch Intention, Atmung und Energie. Ist das nicht ein schönes Ziel?

KAPITEL 5

REGELN, KOMPROMISSE & PRÄFERENZEN

Ein gutes Zusammensein benötigt Regeln und Kompromisse. Es gibt kein One-Fits-All in der Pferd-Mensch-Beziehung, daher ist es wichtig, die Präferenzen beider Seiten zu beachten.

Regeln, Kompromisse & Präferenzen

Eure Kommunikation darf sich wandeln und verändern. Sie darf sich euch beiden anpassen und Grenzen und Präferenzen respektieren. Einige Regeln sind wichtig, um euch Sicherheit zu geben.

Pferde wünschen sich Klarheit von uns. Da sind wir wieder bei der Berechenbarkeit und dem Sicherheitsversprechen. Regeln geben Sicherheit. Dem Pferd selbst, aber natürlich auch dem Umfeld, in dem sich das Pferd bewegt. Harmonische Kommunikation kann nur mit klaren Regeln und Grenzen funktionieren. Das sind einerseits von dir aufgestellte Grundregeln, die eure Sicherheit und dein Wohlbefinden betreffen. Andererseits sind dies aber auch persönliche Präferenzen deines Pferdes bezüglich des eigenen Körpers zum Beispiel. Wenn ihr die Grenzen des jeweils anderen respektiert, ist ein großer Schritt getan.

GRUNDREGELN

Ich habe zwei Grundregeln, die ich jedem Pferd konsequent erkläre.

- **Mein Raum wird respektiert.**
- **Auf Druck wird nachgegeben.**

Intuitive Kommunikation zwischen Pferd und Mensch beruht auf unserem bewussten und reflektierenden Verhalten mit dem Pferd.

Mehr Regeln habe ich gar nicht. Das Verbot, zu beißen, zu treten oder sich loszureißen, ergibt sich aus diesen zwei Regeln. Es ist allerdings ohnehin nicht zielführend, Beißen oder Treten verbieten zu wollen, wenn diese Verhaltensweisen auftreten. Die Verhaltensweisen treten nur auf, wenn das Pferd ein Problem hat. Dies könnte Stress, Unwohlsein oder Angst sein. Dementsprechend sollten wir bei dem Auftreten solcher Verhaltensweisen auf Ursachenforschung gehen. Ich sage nicht, dass eine kurze Korrektur je nach Situation nicht angebracht ist, aber danach muss reflektiert werden, wie es zu dieser Situation kam und wie dem Pferd geholfen werden kann.
Wir müssen nicht haufenweise Regeln aufstellen und Kommandos beibringen, nur die wichtigsten. Diese werden mit Konsequenz gepflegt.

Ich kann mich frei bewegen und das Pferd respektiert jederzeit meinen Raum.

Auf Druck wird nachgegeben. Ich nutze Impulse, kein Ziehen oder Drücken.

Die Pferde können unsere Intentionen spüren. Sofern wir verständlich, klar und fair in unserer Vorstellung von dem Zusammensein mit dem Pferd sind, wird das harmonieorientierte Pferd diesen positiven Vorstellungen folgen.

Auch hat jedes Pferd eigene Präferenzen und Grenzen, die es wahren möchte. Beispielsweise ist das Streicheln zwar immer nett von uns gemeint, für viele Pferde situationsabhängig aber unangenehm und es trägt zum Stresslevel bei.

Wenn wir möchten, dass das Pferd unseren Raum respektiert, dann müssen wir dem Pferd denselben Respekt entgegenbringen. Berühre dein Pferd immer bewusst und schau ihm ins Gesicht, um zu erkennen, ob es deinem Pferd unangenehm ist. Ein leichtes Ausweichen oder ein Verhärten der Mimik ist bereits ein Zeichen, dass dein Pferd nicht angefasst werden möchte. Beachtest du diese kleine Verneinung, wird ein zustimmendes Berühren umso wertvoller und entspannter.

Pferde sind sehr intelligent. Es ist möglich, Kompromisse und Regeln mit dem Pferd festzulegen und so für beide Seiten eine hohe Zufriedenheit zu erreichen. Wir müssen uns klar werden, was wir von unserem Pferd erwarten, und zuhören, was unser Pferd von uns braucht.

Ich beobachte oft, dass Menschen ihre Grenzen dem Pferd gegenüber nicht frühzeitig und ruhig erklären, sondern erst, wenn schon ein kleiner Notfall eingetreten ist, z. B. wenn das Pferd mit der Schulter rempelt, auf den Fuß tritt oder Ähnliches. Dann werden plötzlich harte Grenzen gesetzt. Dies geschieht oft explosiv und harsch und wird im Nachhinein bereut. Das passiert vor allem bei der Wahrung des eigenen Raumes. Ich höre oft im Unterricht: »Jetzt ist er mir wieder viel zu nah!« Mir musst du das nicht sagen, sondern deinem Pferd zeigen. Dein Pferd weiß gar nicht, dass es eine Grenze überschreitet, weil du es nicht mitteilst. Dein Körper und deine Handlungen verraten es deinem Pferd gerade nicht. Dein Pferd spürt aber dein Unbehagen und rückt vielleicht sogar deshalb etwas näher, weil es nicht weiß, wovor du Angst haben könntest. Deine Grenzen und Regeln sollten sich in all deinen täglichen Handlungen widerspiegeln. Dann wird es zur Gewohnheit, dein Pferd außerhalb deines Raumes zu behalten, und du musst nicht überreagieren, wenn dein Pferd nervös ist und dir gefährlich nah kommt. Dein Pferd kann deine Regeln nur verstehen, wenn du sie auch wirklich lebst und dir über sie bewusst bist.

Nähe muss von beiden Seiten erwünscht sein, damit sie Geborgenheit und kein Unbehagen bewirkt.

AUFGABE

Konzentriere dich in der nächsten gemeinsamen Zeit mit deinem Pferd mal auf deine Präferenzen und Regeln sowie auf die, die dein Pferd haben könnte. Dann setzt du dich hin und stellst dir vor, du sitzt mit deinem Pferd an einem Tisch. Schreib die Grundregeln eures Miteinanders auf. Alle Präferenzen und Grenzen. Beispielsweise den Abstand, den du beim Führen brauchst, um dich wohlzufühlen. Den Abstand, den dein Pferd braucht, um in der Pause entspannen zu können. Oder die Nähe, die dein Pferd braucht, damit das Lob wirkt. Das kann aber z. B. auch die Minute-stehen-und-sich-Umschauen sein, die dein Pferd immer benötigt, wenn es aus dem Anhänger aussteigt. Schreib alles auf, was dir in den Kopf kommt. Der Fokus liegt auf einem harmonischen Miteinander, Kompromissen und Mitspracherecht, aber auch auf Sicherheit und Wohlbefinden.

Lass diese Regeln und Präferenzen nun bewusst in euren Alltag einfließen und reflektiere, wie es sich anfühlt. Für euch beide. Ob du die Präferenzen deines Pferdes richtig eingeschätzt hast. Schau deinem Pferd ins Gesicht und lies. Reflektiere, ob du dich selbst richtig eingeschätzt hast. Bei Bedarf könnt ihr an diesen Stellschrauben drehen, bis ihr euch beide wohlfühlt. Präferenzen und Regeln dürfen sich im Laufe der Zeit auch entwickeln und verändern. Gemeinsam könnt ihr lernen, die eigenen Grenzen freundlich aufzuzeigen und die des anderen respektvoll zu achten. Je mehr ihr einander im Kern versteht, desto weniger relevant sind Regeln und es entwickelt sich ein Gefühl füreinander.

FÜHRUNGSPERSÖNLICHKEIT MUSTANG: SKY

Sky ist alles, was man sich unter einem wilden Mustang aus den USA vorstellt. Er wurde ca. 2011 in Oregon geboren und im Oktober 2018 eingefangen. In der Wildbahn hatte er als stolzer Leithengst seine eigene Herde, ich habe viele Fotos aus seiner Zeit dort. Die Pferde werden in manchen Gebieten von Fotografen hin und wieder begleitet. Aufgrund einer Vielzahl von Gründen werden regelmäßig Pferde eingefangen. Diese sind zum Teil berechtigt, denn die Pferde haben kaum natürliche Feinde. Allerdings gibt es andere Möglichkeiten, die Populationen zu managen. Das Einfangen erfolgt entweder per Fressfallen oder die Pferde werden mit einem Helikopter zusammengetrieben. Letzteres Vorgehen ist traumatisch und regelmäßig verletzen sich Pferde in der Panik. Oft werden mehr Pferde eingefangen als nötig. Die staatlichen Flächen sind besonders kostengünstig für die Rinderhaltung und das Einfangen und Versorgen der Pferde in den Auffangstationen ist eine große Einnahmequelle für viele Akteure. Zumal dies durch Steuern bezahlt wird. Die eingefangenen Pferde stehen dann zur Adoption frei.

Ich habe Sky damals in der sogenannten Auffangstation gesehen und mich im Rahmen einer 120-tägigen Trainer-Challenge entschieden, ihn auszubilden. In der Auffangstation stehen die Pferde in großen Pens ohne Witterungsschutz beisammen und bekommen täglich Heu hineingeworfen. Gemistet wird hier nicht. Sky wurde erst ein Jahr nach dem Einfangen vor Ort gelegt. Die Hengste stehen direkt neben ihren ehemaligen Stuten, plötzlich völlig machtlos und ohne Aufgabe. Das ist leider das perfekte Rezept für erlernte Hilflosigkeit. Ich kannte bereits einige Bilder aus der Wildbahn von ihm, das Pferd in der Auffangstation hatte allerdings wenig Ähnlichkeit mit dem Sky aus dieser Zeit. Fasziniert und inspiriert von den Bildern wollte ich ihm helfen, so viel wie möglich von seinem Strahlen zurückzubekommen.

Sky in der Auffangstation, dort habe ich ihn zum ersten Mal live gesehen. Er war ruhig, sehr introvertiert und interagierte kaum mit den anderen Pferden.

Ich war die allererste Person, die mit ihm Kontakt aufgenommen hatte. Für ein paar Tage konnte ich sein Training starten, bevor er nach Deutschland geflogen wurde. Er war skeptisch, aber nicht panisch, ängstlich gegenüber dem Menschen wie viele andere Mustangs. Zum Teil war er einfach genervt, dass ich ihn beim Fressen störte. Er ist mehrmals während meiner ersten Annäherungsversuche im großen Bogen um mich herum wieder zu seinem Heu gegangen. Es schwang eine große Gleichgültigkeit mit. Er war sowieso unzufrieden mit seinem Leben zu diesem Zeitpunkt und ließ das meiste widerwillig über sich ergehen. Diese erlernte Hilflosigkeit verlor er nach und nach in seinem neuen Leben. Ich entschied mich, ihn zu kaufen, und so blieb er nach der Challenge bei uns. Heute hat er seine eigene kleine Herde, auf die er aufpassen kann, und viel Platz. Während

der Trainer-Challenge hat er nach und nach unsere Welt kennengelernt, wir waren spazieren und auf Ausflügen. Er hat ganz grundlegende Sachen wie Hufegeben und Verladen gelernt. Ich habe ihn auch unter dem Sattel gestartet. Er hatte keine großen Probleme, das alles zu verstehen, aber die Gleichgültigkeit gepaart mit fehlender Bewegungsfreude blieb. Spaziergänge und Ausritte fand er toll. Mit Reitplätzen und Koordinationsaufgaben konnte er nichts anfangen. Nach und nach in den folgenden zwei Jahren wurde ihm sein Leben wieder wichtiger und wertvoller. Er wollte mitentscheiden, hatte plötzlich Angst vor Gegenständen und Situationen, die er anfangs gar nicht beachtet hatte, und manchmal hatte er sogar zu viel Energie, die er freiwillig loswerden wollte.
Sein Charakter zeigte sich mehr und mehr, das Selbstbewusstsein des Leithengstes kam zurück und manchmal auch etwas viel Selbstbewusstsein, das er aber sehr gerne haben darf.

Sky ist ein sehr einfacher und unfassbar komplexer Charakter zugleich. Er weiß genau, was er will, und ist sehr durchdacht und präzise in seinen Bewegungen und Aktionen. Als ehemaliger Leithengst weiß er sehr genau, worauf es bei einer Führungspersönlichkeit ankommt. Gerade in diesem Aspekt kann ich immer wieder von ihm lernen. Er war sehr schnell bereit, mich zu tolerieren, wenn auch im Energiesparmodus, vor allem durch sein Wissen, dass er sich auf sich selbst verlassen kann, wenn ich für ihn doch nicht von Vorteil wäre. Diesen Moment hatten wir auch ein paar Mal in unserer ersten Zeit zusammen. Sobald bei mir ein wenig Zweifel oder Unsicherheit aufkam, übernahm Sky das Kommando. Dabei wird er nicht kopflos, sondern macht ganz in Ruhe das, was er für richtig hält. Sky lässt sich nicht sagen, was er tun soll. Ich kann ihn bitten und gute Argumente liefern, aber am Ende muss er sich dafür entscheiden.

Wir können Pferde sowieso nicht kontrollieren. Sie sind deutlich stärker und schneller als wir. Es gibt viele Trainingsmethoden, die darauf abzielen, das Pferd mental so zu schwächen, dass es die Kontrolle aufgibt. Zudem sind sich viele Pferde gar nicht ihrer Kraft oder unserer fehlenden Kraft bewusst. Das gibt uns aber nicht die Erlaubnis, uns zu überschätzen. Wir können ihnen reflexartige Nachgiebigkeit auf kleinste Signale beibringen, damit das Pferd, auch wenn es kopflos wird, nicht durchgeht und sich selbst und uns in Gefahr bringt. Inwiefern dies funktioniert, erfahren wir allerdings erst im Ernstfall. Ein sicheres Pferd ist immer ein Pferd, das sich sicher fühlt. Statt kontrollieren zu wollen, sollten wir stattdessen unser Pferd mental unterstützen, Fragen beantworten und Sicherheit bieten.
Sky hat keine Reflexpunkte, wie beispielsweise den One-Rein-Stop, gelernt. Sowieso ist seine Nachgiebigkeit auf Druck minimal. Bei den allermeisten Kundenpferden würde ich die Hände über dem Kopf zusammenschlagen. Eine

Sky hat sein Strahlen zurück.

zumindest grundlegende Nachgiebigkeit halte ich im Normalfall immer für nötig. Sky hat sich seine Selbstbestimmung und Freiheit nicht nehmen lassen. Meine Trainingsmethode ist bei Weitem nicht autoritär genug, um ihn dazu zu bringen. Das ist auch gut so. Unsere Bindung ist ein echtes Geben und Nehmen und funktioniert nur für uns beide. Ich entscheide beim Ausreiten beispielsweise die Richtung und Sky das Tempo. Ich gehe davon aus, dass er sich durchparieren lässt, sofern ich entspannt und selbstbewusst frage. Durch meine Gedanken, meine Atmung, meinen Sitz und über die Stimme. Druck am Zügel lässt ihn nicht parieren, das hat er mir klar zu verstehen gegeben. Aber er ist sehr verlässlich und meine Bitten werden gehört. Sky sind Intentionen sehr wichtig. Er braucht keine klaren Regeln, weil er ein unfassbar genaues Gespür für die Absicht hinter meinen Taten hat.

Sky bringt eine große Selbstsicherheit, Ruhe und Präzision in der Kommunikation mit in die Interaktion mit mir und anderen Pferden. Das macht ihn zu einem sehr vertrauensvollen und angenehmen Gesprächspartner. Diese Qualitäten sind genau die, die uns selbst oft fehlen mit unseren Pferden. Andere Pferde orientieren sich gerne an Sky und er ist eine wahre Führungspersönlichkeit. Ich lerne täglich von ihm.

LERNEN & MOTIVATION

Bei dem Etablieren von Regeln und allgemein bei dem Beibringen von Lektionen und Verhalten ist es wichtig zu verstehen, wie Pferde lernen und was sie motiviert. Lebewesen lernen immer, wenn dies ihren eigenen Zustand optimiert, sprich, wenn es ihnen damit besser geht als vorher. Die Motivation liegt genau darin. Hast du eine Situation, in der dein Pferd einfach nicht lernen möchte, was du zu erklären versuchst, liegt das Problem manchmal gar nicht in den Erklärungen, sondern in der Konsequenz, die folgt, wenn dein Pferd das Verhalten ausführt. Der treibende Schenkel muss ruhen, wenn das Pferd antrabt. Ansonsten ist der störende Faktor trotz richtiger Reaktion immer noch da und der Zustand des Pferdes hat sich nicht optimiert. Dementsprechend lernt es, den Schenkel zu ignorieren, oder wird versuchen den Reiz auf andere Weise loszuwerden. Das Pferd muss spüren, dass sich seine Situation verbessert hat, damit es die Verknüpfung zwischen deinem Signal und der positiven Veränderung herstellen kann.

Futter und Kraulen können je nach Pferd starke Motivatoren sein, sofern gerade das Futter strukturiert und verständlich eingesetzt wird. Strafe ist niemals so verständlich wie Verstärkung und nicht motivierend. Strafe sagt aus, was nicht getan werden soll, lässt das Pferd aber mit der Frage zurück, was es stattdessen tun soll. Für uns kann die Antwort klar sein, das Pferd sieht viele Möglichkeiten und ist verunsichert. Zudem korrigiert Strafe oft das Verhalten, welches das Pferd aus Unsicherheit, Stress oder Unzufriedenheit zeigt. Eine Strafe vermittelt dem Pferd, dass es mit dem Problem allein ist. Verstärken wir allerdings die kleinste Idee unserer Vorstellung, bieten wir dem Pferd einen strukturierten Lösungsweg.

Bei dem Erklären deiner Grenzen und Regeln musst du deinem Pferd vermitteln, wie wichtig dir diese Angelegenheit ist. Dies erreichst du einerseits durch Konsequenz und Wiederholung, aber eben auch, indem du beachtest, wie du den Zustand deines Pferdes optimieren kannst, wenn es auf dich achtet. Geht es deinem Pferd nicht besser, wenn es deinen gewünschten Abstand einhält, dann wird es darauf auch nicht achten. Erkläre dich so, dass es euch beiden damit am Ende besser geht. Auf diese Weise wird dein Pferd gerne deine Regeln eigenständig achten.

Hinzu kommt, dass Pferde in Angst nicht lernen können, weshalb es umso wichtiger ist, Grenzen und Regeln in einem sicheren Rahmen bereits gut zu etablieren. Wenn dein Pferd diese Regeln bereits gut kennt und verinnerlicht hat, könnt ihr auch in Schreckmomenten Konflikte vermeiden. Ein sicheres Fundament schafft Vertrauen und ermöglicht es deinem Pferd, auch in stressigen Situationen richtig zu reagieren, ohne dich in Gefahr zu bringen.

Es stellt sich immer die Frage, was hat mein Pferd von meinem Wunsch?

KAPITEL 6

DAS FLUCHTTIER PFERD

Unsere Welt kann Pferde manchmal ziemlich überfordern, umso wichtiger, dass wir sie verstehen und vorbereiten.

Das Fluchttier Pferd

Pferde sind Fluchttiere und können in unserer Welt zwischen Autos, Regenschirmen und Mülltonnen manchmal ganz schön reizüberflutet sein. Du kannst deinem Pferd helfen, mit Überforderung und Angst besser umzugehen und sich an dir zu orientieren.

Ein Beispiel:
Von hinten nähert sich ein Auto mit Anhänger. Es macht ein komisches zischendes Geräusch, als die Reifen über den nassen Asphalt rollen. Direkt neben euch scheppert dann auch noch der Anhänger laut über ein Schlagloch. Ein paar Meter weiter spielen Kinder schreiend im Garten auf der Schaukel. Ein Hund kommt bellend an den Zaun gerannt. Noch ein paar Meter weiter bilden ein paar Mülltonnen einen Engpass zwischen Grünstreifen und Straße. Da nähert sich ein Fahrrad von hinten, das habt ihr beide nicht gesehen, bis es direkt hinter euch zu klingeln beginnt.

Auf dein Fluchttier Pferd prasseln in unserer Welt andauernd eine Vielzahl von Reizen ein, die es nur schwer alle sortieren kann. Das Pferdegehirn ist auf diese Flut an Reizen einfach nicht ausgelegt. In der Wildbahn passt die ganze Herde auf und meistens ist die Umgebung eher reizarm, beziehungsweise sind es größtenteils Reize, die das Pferd bereits kennt und einzuordnen weiß. Meistens muss es sich zudem nicht mit mehreren stressigen Reizen gleichzeitig auseinandersetzen. Das Pferdegehirn ist in unserer Welt schlichtweg überfordert und wir müssen das Pferd Schritt für Schritt auf Situationen vorbereiten. Es kann lernen, Reize zu sortieren, sich an uns zu orientieren und bei Angst schneller wieder ins Denken zu kommen, damit die Instinktreaktionen nicht so stark ausfallen. Dies ist ein Prozess, der nie als beendet gilt. Dabei müssen wir anerkennen, dass das Pferd eine andere Welt wahrnimmt als wir. Sein Gehirn und die Sinnesorgane sind anders aufgebaut als bei uns Menschen.

Die Augen des Pferdes sind darauf ausgelegt, peripher, fast rundum, sehen zu können und Bewegungen in allen Lichtverhältnissen zu erkennen. Es ist zweitrangig, tatsächlich erkennen zu können, wer oder was verantwortlich für die Bewegung ist. Im Zweifel wird das Fluchttier Raum zwischen sich und die mögliche Gefahr bringen. Wichtig ist, dass die Gefahr frühzeitig bemerkt wird. Hinsichtlich der Schärfe und des Fokus muss das Pferd einbüßen. Es kann bei Weitem nicht so detailreich sehen wie wir und vor allem Objekte nah am Kopf schlecht fokussieren. Die Farben sind verblasst, verglichen mit unserer Sicht. Es liegt eine starke Rot-Grün-Schwäche vor und am besten sieht das Pferd helles Gelb und Blau.

Wichtig ist auch, dass das Pferd ungefähr eine Dreiviertelstunde braucht, um sich an eine plötzliche Hell-Dunkel-Veränderung anzupassen. Wir ehemaligen Höhlenmenschen kommen mit der Benutzung eines Lichtschalters gut klar, für das Pferd bedeutet dies erstmal völlige Blindheit. Das Pferdeauge ist auf langsame Dämmerung ausgelegt, wie es eben in der Natur der Fall ist. Führst du dein Pferd spätabends von der dunklen Weide in den hell erleuchteten Stall, so ist es erstmal blind. Führst du es aus der prallen Mittagssonne in die dunkle Reithalle, verbringt es einen Großteil eurer gemeinsamen Zeit dort mit einer sehr schlechten Sicht. Dass du dies weißt und darauf achtest, trägt zu eurer Sicherheit enorm bei. Nun ist es ja so, dass dein Pferd eine fast vollständige Rundumsicht besitzt. Trotzdem gibt es zahlreiche tote Winkel, die dein Pferd nur einsehen kann, wenn es

Die Sinne des Pferdes sind ganz anders ausgeprägt als unsere.

den Kopf bewegt. In neutraler Kopfhaltung, sprich mit geradem Hals und Kopf leicht über der Höhe des Widerrists, kann dein Pferd dich auf dem Rücken sitzend nur bis zum Oberschenkel sehen. Auch unter dem eigenen Hals und Bauch sowie hinter sich kann das Pferd nichts sehen. Es muss den Hals bewegen, um die toten Winkel einsehen zu können. Außerdem hat das Pferd genau wie wir einen blinden Fleck im Auge, wo der Sehnerv im Auge ansetzt. Das Gehirn füllt diesen blinden Fleck automatisch mit einer Information über das, was sich dort höchstwahrscheinlich befindet. Da das Auge des Pferdes viel größer ist als unseres, ist der blinde Fleck dort natürlich auch größer. So groß, dass ein Gegenstand darin verschwinden kann und bei Bewegung des Auges oder des Gegenstandes plötzlich wieder auftaucht. Dasselbe gilt für die anatomisch bedingten toten Winkel vor, unter, über und hinter dem Pferd. Objekte können darin verschwinden und das Pferd erschrecken, in dem sie unerwartet wieder auftauchen, im toten Winkel ein Geräusch verursachen oder das Pferd berühren. All dies kann zu Stress und für uns zu unvorhersehbaren Reaktionen führen.

Ein weiterer wichtiger Punkt ist, dass das Pferd einen Großteil des Sichtfeldes mit je nur einem Auge einsehen kann. Dies ist der Bereich seitlich des Pferdes. Nur vor dem Pferd treffen sich die Sichtfelder beider Augen. Alles, was nur von einem Auge gesehen werden kann, wird zweidimensional und nicht dreidimensional wahrgenommen. Dies bedeutet, dass keine Tiefenwahrnehmung vorhanden ist. Das Gehirn weiß nicht automatisch, wie weit ein Objekt vom Körper entfernt ist. Das Pferd lernt erst über Wiederholungen, die Abstände einzuschätzen. Deswegen reagieren gerade Jungpferde oft stark, wenn man sie seitlich mit einem Gegenstand berührt. Sie haben ihn zwar kommen sehen, die Berührung ist für sie aber trotzdem plötzlich.

Daher ist es so wichtig, dass dein Pferd den Kopf frei bewegen kann und Objekte untersuchen darf.

Pferde hören gut, so viel steht fest. Allerdings ist ihr Hörvermögen nicht ganz so gut, wie wir oft annehmen. Sie nehmen Laute etwas leiser wahr als wir. Sie hören ½ Oktave höher als wir und nehmen beispielsweise die Ultraschalltöne von Fledermäusen wahr. In die andere Richtung nehmen sie aber die letzten 1½ Oktaven der tiefen Töne, die wir hören können, nicht wahr. Dies gleichen sie aus, indem sie diese als Vibration in Zähnen, Kiefer und den Hufen aufnehmen.

Kommen wir zur Zauberwaffe der Pferde, dem Geruchssinn.

Der Geruchssinn deines Pferdes ist richtig gut. Dein Pferd riecht so ziemlich alles. In der Wildbahn orientieren sich Pferde mithilfe ihres Geruchssinns und finden so beispielsweise Wasserstellen oder andere Pferde. Sie können unseren psychischen Zustand über den Geruchssinn erkennen, da wir ohne Kontrolle darüber Hormone ausschütten und Pferde diese riechen können. Beispielsweise bei Angst Adrenalin und Cortisol oder bei

Freude Dopamin und Serotonin. Wenn wir uns entspannen, schütten wir Endorphine aus und die Ausschüttung von Angsthormonen sinkt. All dies nehmen unsere Pferde wahr und können uns dadurch lesen. Natürlich machen sie dies auch noch an anderen Punkten fest, aber dies ist einer der Bereiche, den wir nicht vor dem Pferd verstecken oder überspielen können.

Da Pferde so abhängig von ihrem Geruchssinn sind, erklärt mit einem Blick auf die anderen Sinne, warum sie bei Wind oft schreckhafter sind. Ihr Geruchssinn und ihr Hörsinn sind beeinträchtigt, und ihr Sehsinn muss sich anstrengen, die ganzen Bewegungen einzuordnen.

Verständnis und Fairness für dein Pferd kannst du am besten aufbringen, wenn du so gut wie möglich weißt, wie es wäre, ein Pferd zu sein. Daher ist Wissbegierde so wichtig. Lerne so viel wie du kannst über Pferde. Aber bitte mit Bedacht, aus welchen Quellen es kommt, und mit kritischem Hinterfragen.

Mit dem nötigen Wissen kannst du dein Pferd viel besser durch stressige Situationen begleiten und anerkennen, dass da manchmal tatsächliche Reize sind, die du nicht wahrnimmst, dein Pferd aber sehr wohl. Die Aussage, »Da ist gar nichts, stell dich nicht so an.«, ist im Umgang mit Pferden schlichtweg nicht tragbar. Ihr nehmt eine Welt wahr, die sich in vielen Teilen überschneidet, aber viele Aspekte bleiben dir verwehrt und andere Aspekte kann dein Pferd wiederum nicht wahrnehmen. Verständnis für dein Pferd ist unumgänglich.

Dein Pferd hat immer recht. Jede Angst deines Pferdes ist gerechtfertigt. Vertrau dem Pferdegehirn ein wenig mehr, seine einzige Aufgabe ist es, den dazugehörigen Körper zu schützen.

REITEN IST EIN PRIVILEG: ALIADO

Ich begegne in meinem Job vielen Pferden, die alle von Grund auf verschieden sind und mich auf ihre eigene Art berühren. Die Pferde, die ihren Instinkten am nächsten sind, eine starke Willigkeit und Sensibilität mitbringen, aber von uns missverstanden und als gefährlich, unberechenbar und einfach gesagt wild bezeichnet werden, berühren mich doch am meisten.

Dazu zählte auch Aliado. Das vierjährige Sportpferd, welches sich eigentlich nur Verständnis wünschte. Ich habe selten mit hochpreisigen Sportpferden zu tun, meistens sind diese nicht in meiner Zielgruppe, aber dieses Kundenpferd stand auf einem Gestüt und die Besitzer hatten sich entschieden, mich als Hilfe von außerhalb hinzuzuziehen. Der Wallach fiel bereits in seiner Aufzucht und beim Anlongieren durch explosives Verhalten auf und wurde die ersten Male beim Einreiten sediert, um eine weniger große Gefahr für den Reiter darzustellen. Dieses Vorgehen ergibt für mich auf allen Ebenen keinen Sinn und ich bin immer noch schockiert. Leider ist es keine Ausnahme. Mittlerweile wurde er ohne Beruhigungsmittel geritten, schoss aber regelmäßig los und reagierte sehr stark auf die Reiterhilfen.

Ich hörte mir seine Geschichte und die bisherigen Maßnahmen an und ließ mir Videos zeigen. Dann lernte ich den Wallach kennen und entschied mich, mit ihm zu arbeiten. Der bisherige Beritt wurde eingestellt und ich arbeitete fünfmal die Woche mit ihm. Er brachte ein angemessenes Temperament mit sich, ließ sich aber sehr gerne auf meine Energie ein und wollte alles richtig machen. Meine Bodenarbeitsanforderungen erfüllte er nach kurzem Üben. Einer der wichtigsten Punkte war das Führen von rechts. Er wurde bisher nur von links geführt, dies ergibt für das Pferdegehirn und die Sicherheit im Umgang keinen Sinn, hält sich in der gesamten Pferdewelt aber leider hartnäckig.

Bevor ich mich auf den Rücken eines Pferdes setze, ist es dem Pferd gegenüber nur fair, wenn es die Chance hat, mich zunächst auf Augenhöhe kennenzulernen. Deshalb beginne ich immer mit Übungen am Boden. Das Pferd kann meine Intentionen verstehen und selbst entscheiden, ob es sich auf mich einlassen möchte.

Auf dem Pferderücken Platz nehmen zu dürfen, ist ein Privileg, keine Selbstverständlichkeit.

Für Aliado war es schlichtweg erleichternd, sich an mir orientieren zu können. Ich habe selten ein Pferd erlebt, das so verloren war. Wir übten Weichen und Folgen am Seil und ohne Seil, das Nachgeben auf den Schenkel und den Zügel aus der Position am Boden. Ich erklärte ihm seine toten Winkel im Blickfeld, indem ich mit Gegenständen wie der Fahne arbeitete und diese über seinem Rücken bewegte. Ich wiederholte dies in kleinen Schritten so oft, bis er nicht mehr überrascht war, wo die Fahne als Nächstes auftauchte. Im nächsten Schritt bin ich ganz langsam in vielen Wiederholungen in den Sattel geklettert. Dabei habe ich so getan, als hätte er noch nie einen Reiter getragen, denn ein verständnisvolles Einreiten hatte er bisher nicht erlebt. Am Kopf trug er ein Knotenhalfter, für eine Trense hielt ich es noch zu früh. Und dann sind wir geritten. Am Anfang nur Schlangenlinien, in denen ich immer wieder nach einer durchlässigen Biegung gefragt und meine Schenkelhilfe erklärt habe. Schon bald sind wir auf dem Hufschlag geritten, getrabt und danach galoppiert. Natürlich ist er auch hier zwischendurch ein wenig schnell geworden, von einem Losschießen waren wir allerdings weit weg. Ich habe ihn nicht vorne festgehalten, sondern immer einen lockeren Zügel gehabt. Ist er dann schneller geworden, habe ich ihm mit einem kleinen Annehmen des Zügels, gefolgt von einem sofortigen Nachgeben meinerseits, geholfen, wieder zurückzukommen, bis meine Stimme und mein Sitz dazu ausreichten. Ich habe ihm erklärt, dass der seitwärtsweisende Schenkel zu unterscheiden ist vom vorwärtstreibenden Schenkel, und er hörte auf, so stark auf die Hilfen zu reagieren. Nach drei Wochen erklärte ich ihm die Trense auf meine Art und Weise und wir fingen mit Bahnfiguren und Ausritten an. Nach sechs Wochen ritt ich ihn aus Spaß in der Halle mit Halsring und konnte Handwechsel und Übergänge allein mit Sitz und Stimme reiten.

Einer der größten Fehler, den wir bei der Arbeit mit Pferden machen können, ist es, nur mit dem Körper zu arbeiten.

Den Körper zu kontrollieren und das Gehirn, den Geist des Pferdes zu vergessen, ist ein großer Fehler. Kraft und Gewalt als Abkürzung zu nehmen und eine fälschliche Durchlässigkeit zu erlangen, ist ein Vergehen am Pferd. Das Pferdegehirn wird so immer im Überlebensmodus bleiben und Gefahr von uns ausgehend fürchten. Für die Psyche und den Körper des Pferdes ist dies offensichtlich ungesund. Echte Losgelassenheit im Pferd findet nur statt, wenn es mental und körperlich losgelassen ist. Beide Komponenten bedingen sich gegenseitig. Ein körperlich verspanntes Pferd mit Schmerzen wird weder mental noch körperlich losgelassen sein können. Ein Pferd, dessen Flight-Fight-Freeze-Reaktion aktiviert ist, wird weder mental noch körperlich losgelassen sein. Der Job des Pferdegehirns ist es, das Pferd zu beschützen. Solange sich das Pferd nicht sicher fühlt, können wir nie dessen volles Potenzial erreichen.

ANGST

In der Mission des Selbstschutzes ist das Pferdegehirn sehr erfolgreich, sonst wären die Pferde längst ausgestorben. Das Pferdegehirn funktioniert genauso, wie es funktionieren muss.

Dein Pferd wird jeden Tag mit Angst, Alarmiert-Sein und Skepsis konfrontiert. Es ist ein großer und wichtiger Teil im Leben eines Fluchttieres. In einer gesunden Herdenkonstellation ist dieser Stress nichts Negatives. Die Pferde regulieren sich gegenseitig ganz selbstverständlich. In der Interaktion mit uns kann die Angst dem Pferd allerdings zum Verhängnis werden. Die wenigsten Pferde können sich von sich aus alleine regulieren und Angst ohne große Instinktreaktion verarbeiten und sich danach wieder entspannen. Dafür benötigen sie uns und ein einfühlsames Training. Angst ist keine Schwäche, dein Pferd braucht sie zum Überleben. Es ist ganz normal, dass dein Pferd jeden Tag vor ein paar Sachen Angst hat. Dass es einen großen Bogen um die Schubkarre macht, dass es mit erhobenem Kopf in Richtung des Raschelns im Busch schaut, dass es sich erschrickt, wenn jemand laut in die Hände klatscht. Darauf hast du dich eingelassen, als du dich für ein Fluchttier entschieden hast. Dementsprechend ist es auch nicht zielführend, die Augen zu verdrehen und »stell dich nicht so an« zu sagen, wenn

Ich strahle Ruhe, Standhaftigkeit und Sicherheit aus. Je angespannter mein Pferd ist, desto ruhiger werde ich.

dein Pferd alarmiert ist. Stattdessen ist dies der perfekte Moment, um deinem Pferd zu helfen und euer Vertrauen zu stärken. Denn dein Pferd hat eine Frage und diese kannst du beantworten. Da du bei den allermeisten Reizen weißt, dass sie ungefährlich sind, hast du eine hohe Erfolgsrate hinsichtlich deiner Zuverlässigkeit. Das ist perfekt für das Vertrauen in dich.

Wenn dein Pferd also etwas wahrgenommen hat, ist dein Vorgehen Folgendes. Du beanspruchst den Fokus deines Pferdes für dich, indem du nach einer Lektion fragst, die dein Pferd gut kann, wie beispielsweise Tempo in der Gangart minimal erhöhen oder verringern, Anhalten, Weichen der Hinterhand oder beim Reiten Stellungswechsel. So leitest du den Fokus deines Pferdes vom externen Reiz zu dir um. Nachdem dein Pferd deiner Anfrage nachkommt, entspannst du dich und zeigst dies auch klar nach außen. Du atmest aus, lässt die Hände sinken, stellst dir dein Pferd entspannt vor und fühlst dich im Hier und Jetzt an Ort und Stelle wohl. Dies ist die wichtige Botschaft für dein Pferd. Du bist entspannt, du hältst den Reiz nicht für eine Gefahr. Da dein Pferd tatsächlich nicht von dem Reiz angegriffen wird, vertraut es deinem Einschätzungsvermögen von Mal zu Mal mehr.

FOKUS

Wichtig ist, dass du tatsächlich den Fokus deines Pferdes auf dich lenken kannst. Dein Pferd muss erst verstehen, dass du ihm beim Regulieren seines Nervensystems helfen kannst, vor allem, wenn du dein Pferd in dieser Hinsicht bisher nicht unterstützt hast. Achtet dein Pferd gerade gar nicht auf dich und ist schon arg in einer Instinktreaktion, wird es gar nicht wahrnehmen, wenn du zeigst, wie entspannt du bist und dass du den Reiz, den dein Pferd fixiert hat, gar nicht als Gefahr ansiehst. Deswegen stellst du deinem Pferd erst eine ihm gut bekannte kleine Aufgabe. Dabei kommt es dir weniger auf die Ausführung als auf die mentale Reaktion deines Pferdes auf dich an. Es gibt so einige Pferde, die wie im Autopiloten deine Anfrage beantworten, dabei aber nicht wirklich zugehört haben. Ob dein Pferd tatsächlich den Fokus von dem externen Reiz nimmt und dir zuhört, kannst du an mehreren körperlichen Merkmalen festmachen. Am besten achtest du auf das Ohrenspiel. Wenn du gerade rechts von deinem Pferd läufst, dann sollte das rechte Ohr nicht mehr nach vorne gespitzt sein, sondern nach seitlich-hinten in deine Richtung flackern. Oft wird dein Pferd in diesem Moment auch etwas Spannung im Hals loslassen und den Kopf etwas senken. Außerdem kann es einige Male blinzeln. Reagiert dein Pferd mit der körperlich korrekten

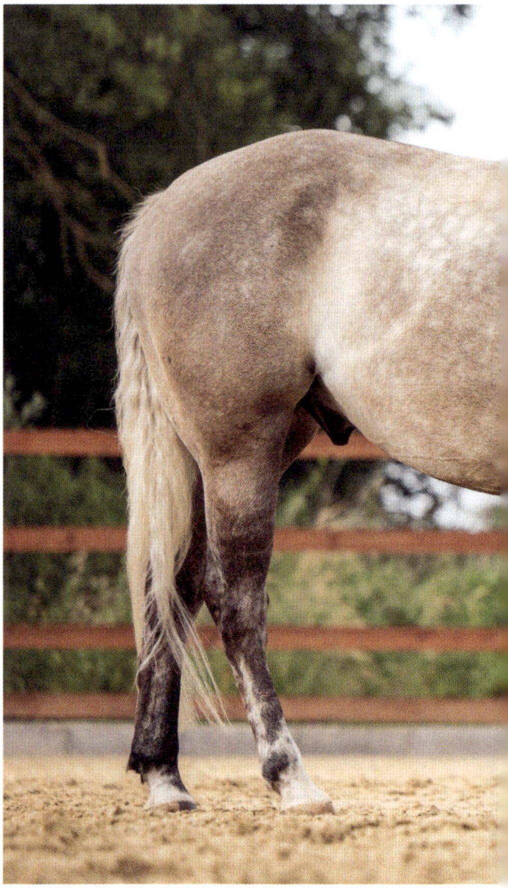

Ausführung deiner Anfrage, ist mental aber abwesend, dann fragst du weiter, bis du tatsächlich wahrgenommen wirst. Denn nur dann reagiert dein Pferd wirklich auf dich und verlässt die erhöhte Alarmbereitschaft. Das Ausführen einer Aufgabe hat das Großhirn deines Pferdes wieder aktiviert und der Bereich für die Instinktreaktion, sei es Vorbereitung auf Flight, Freeze oder Fight, wurde verlassen. Und genau das ist dann dein Moment, um dich zu entspannen und deinem Pferd die nötige Sicherheit zu vermitteln. Dein Pferd kann dir jetzt zuhören. Da es harmonieorientiert ist, wird es versuchen, sich deinem Zustand anzupassen. Dazu kommt, dass dein Pferd sich sicher fühlen möchte, es möchte auch mit dir den gleichen Frieden fühlen wie in der Herde.

Das Pferd passt sich meinem passiven entspannten Zustand gerne an.

FRAGEN UND ANTWORTEN

Meistens bist du wahrscheinlich in der Position, deinem Pferd Fragen zu stellen, oder? Du fragst dein Pferd danach, anzutraben, in den Anhänger zu steigen oder still zu stehen. Darauf erwartest du eine Antwort. Im besten Fall antwortet dein Pferd mit »Ja« und führt das gewünschte Verhalten aus.

Dein Pferd stellt aber auch dir Fragen, viele Fragen sogar. Erst wenn du dies anerkennst und die Zwei-Wege-Kommunikation zulässt, entsteht ein wahrer Dialog zwischen euch. Wieso sollte dein Pferd sich bemühen, dir jede Frage zu beantworten, wenn du die Fragen deines Pferdes ignorierst? Es ist nur fair, wenn ihr euch gegenseitig zuhört.

Die Fragen, die dir dein Pferd stellt, sind oft sicherheitsbezogen. Ist dieser Reiz sicher? Sind wir hier sicher? Sind wir vor diesem lauten Geräusch sicher? Bist du für mich da? Bist du sicher? Hier kommen wir wieder zu unserem Sicherheitsversprechen.

Dein Pferd fragt sehr passiv, es wird dich nicht fragend anschauen und den Kopf auf die Seite legen. Stattdessen kannst du das Vorgehen aus dem vorherigen Textabschnitt zum Fokus nutzen. Denn der Moment, in dem dein Pferd sich auf einen Reiz fixiert und angespannt wird, stellt es dir eben diese Fragen. Nun haben viele Pferde gelernt, dass von uns keine Hilfe zu erwarten ist. In der Herde würden die anderen Pferde sofort auf das Alarmieren reagieren und angemessen handeln. Da dein Gehirn es dir erlaubt, richtig einzuschätzen, dass die Mülltonne

Sweety ist auf einen externen Reiz fokussiert.

Ihr Fokus ist wieder bei mir, dies ist leicht zu erkennen an dem zu mir gedrehten Ohr.

und der Trecker nicht gefährlich für euch sind, solltest du dies deinem Pferd auch mitteilen. Je mehr du das Vorgehen aus »Frage erkennen-Fokus gewinnen-Entspannung und Sicherheit zeigen« nutzt, desto mehr wird dein Pferd eigenständig bei der Frage zu dir schauen und deine Meinung schätzen. Denn du siehst seine Frage und antwortest sofort mit einem sicheren Gefühl. Dein Pferd hat ständig Fragen bezüglich der Sicherheit, es ist eben ein Fluchttier und wartet instinktiv immer auf Gefahr. Mit jeder beantworteten Frage kann sich dein Pferd sicherer fühlen und deinen Einschätzungen vertrauen.

GEWÖHNUNG

Das Pferdegehirn ist bedauerlicherweise nicht auf unsere Menschenwelt ausgelegt. Deshalb müssen wir ihm helfen, ihm die Welt erklären und schrittweise die Reize steigern. Dabei ist das Ziel aber nicht, dass das Pferd an möglichst viele Reize gewöhnt wird und möglichst keine Reaktion darauf zeigt. Ich möchte das Pferd nicht abhärten und dazu bringen, Reize zu ertragen. Das wäre für das Pferd nicht förderlich, sondern sorgt für inneren Stress, einen Vertrauensverlust in uns und für Verlust an Selbstbewusstsein. Bombenfeste Pferde sind leider viel zu häufig Pferde, die in der erlernten Hilflosigkeit stecken und sich selbst aufgegeben haben. Das ist unbedingt zu vermeiden.

Gerade was das Gewöhnen an Gegenstände am Körper betrifft, ist die Praktik verbreitet, dem Pferd mit dem Gegenstand zu folgen, bis es stehen bleibt und sich berühren lässt. So soll es seine Angst vor dem Gegenstand verlieren. Die Botschaft, die das Pferd lernt, ist allerdings folgende: Meine Grenzen werden nicht respektiert, Angst zu zeigen, ist nicht sicher und Stillstehen und Aushalten ist die einzige Lösung.

Angst ist nicht konditionierbar, sie wird nicht schlimmer, wenn wir sie sehen und respektieren. Im Gegenteil, Angst wird weniger, wenn sie Raum bekommt.

Ich möchte Reize schrittweise einbringen, bin bedacht, das Pferd nicht zu überfordern, sondern die Neugier und Interaktion mit dem Reiz zu fördern und dem Pferd dann aufzuzeigen, dass es sich bei Unsicherheit an mir orientieren kann und ich das Pferd nicht in eine Situation bringen würde, in der es einem Reiz ohne Ausweg ausgeliefert ist. Ich arbeite ausschließlich mit der Zustimmung des Pferdes.

Der Ablauf in der Praxis ist ziemlich einfach, wenn du dein Pferd gut liest. Sagen wir mal, ich möchte ein Pferd an eine Satteldecke gewöhnen. Zunächst lasse ich das Pferd daran schnuppern, wenn es dies möchte, und ein paar Runden hinter der Satteldecke herlaufen, sodass es sie auf Entfernung beobachten kann und dabei etwas an Sicherheit gewinnt, da der Gegenstand vor dem Pferd weicht. Danach würde ich am lockeren Seil mit

Ich nähere mich mit der Fahne, Schluri friert ein und verlagert das Gewicht von der Fahne weg. Der Blick ist in sich gekehrt, die Ohren hängen unsicher seitlich und der Körper ist angespannt.

Ich sehe dieses Nein und entferne die Fahne für einen kurzen Moment. Er entspannt sich etwas und folgt der Fahne neugierig mit dem Blick.

Platz in alle Richtungen die Satteldecke Richtung Schulter des Pferdes bewegen. Dabei ist mir eine lockere und geschmeidige Bewegung wichtig. Ich möchte das Pferd nicht erschrecken, aber mich auch nicht gruselig anschleichen. Während ich den Abstand verringere, beobachte ich das Pferd ganz genau. Sobald es Unwohlsein äußert, entferne ich den Gegenstand wieder auf eine sichere Entfernung. Anzeichen hierfür können zum Beispiel das Heben des Kopfes, eine Gewichtsverlagerung weg von dem Reiz oder ein Erstarren in der Körperhaltung und Mimik sein. Ich möchte das kleinstmögliche Signal erkennen und daraufhin sofort die Satteldecke zurücknehmen. Das Pferd sollte nicht erst weichen müssen, damit ich die Unsicherheit sehe. Ich weiß nun, bis zu welchem Abstand der Gegenstand tolerierbar ist, und schwinge aus dem Zurücknehmen gleich wieder bis zu dieser Stelle. Erfolgt eine weitere Angstreaktion, wiederhole ich diesen Vorgang in einem guten, ruhigen Rhythmus. Sobald ich die Satteldecke bis zu diesem Abstand annähern kann, ohne dass mein Pferd gestresst ist, baue ich eine Pause ein. Ich verlasse den Raum des Pferdes und lasse das Pferd verarbeiten. Das Pferd wird in dieser Zeit gegebenenfalls abkauen, den Kopf senken, vermehrt zwinkern oder den Kontakt zu mir suchen. Danach starte ich den Vorgang von Neuem. Meistens kann ich dann bereits viel näher an das Pferd heran und mache schnell Fortschritte.

Nach einigen Wiederholungen friert er nicht mehr ein, sondern beschäftigt sich proaktiv mit der Fahne.

Ich gebe dem Pferd in diesem Vorgehen ein Versprechen. Das Pferd kann mir mit kleinen Signalen mitteilen, dass es Angst hat. Die Angst wird gesehen und diese Grenze wird nicht überschritten. Ich gehe nicht über den Punkt, an dem das Pferd sich nicht mehr sicher fühlt und dem Reiz in einer, wenn auch harmlosen, Instinktreaktion ausweichen muss. Das Pferd lernt hier aus der Wiederholung ganz nebenbei, dass der Reiz ungefährlich ist. Es behält die Kontrolle über die Situation, indem es sich auf mich verlassen kann. Und daraus bekomme ich schnell einen Vertrauensvorschuss des Pferdes. Es weiß, dass es bei Zweifel einfach Bescheid geben kann, und lässt dementsprechend viel mehr zu.

Beim Wegnehmen der Fahne fängt er an, sich zu entspannen. Er ist sich sicher, dass ich ihn nicht übergehen werde.

ZURÜCK AN DEN ANFANG: REYKUR

Passend zum Thema Angst möchte ich die Geschichte eines Kundenpferdes erzählen. Reykur wurde mit 4 ½ Jahren angeritten und sollte danach bis zum Verkauf problemlos geritten worden sein. Bei der neuen damaligen Besitzerin war ein entspanntes Reiten nicht möglich und auch mit Trainerhilfe blieb er panisch unter dem Sattel. Ob oder was vorgefallen ist, ist leider nicht bekannt. Er wurde wieder abgegeben und zeigte deutliche Skepsis im Umgang. Dies legte sich nach einiger Zeit mit viel Ruhe und Geduld, aber er blieb schwierig unter dem Sattel. Reykurs jetzige Besitzerin konnte ihn vorsichtig probereiten und kaufte ihn daraufhin. Sie war zu diesem Zeitpunkt eine sehr sichere und selbstbewusste Reiterin. Sie ritt ihn einige Male im eigenen Stall und er sprang zwar mal zur Seite oder zog kurz den Schweif ein, war aber immer händelbar. Um Muskeln aufzubauen und ihn ein wenig abnehmen zu lassen, stellte sie das Reiten für ein paar Monate ein und arbeitete ihn ausschließlich am Boden. Als sie danach wieder anfangen wollte zu reiten, war die Problematik stark verschlimmert, er ging einige Male durch und hatte große Angst vor Bewegungen und Geräuschen auf seinem Rücken. Seine Besitzerin ist kurz darauf einmal böse gefallen und danach war gar kein Reiten mehr möglich.

Ich lernte Reykur kennen und ließ mir die Problematik erläutern. Es ist oft knifflig, die Ursache zu erkennen, wenn man das Verhalten nicht sehen kann. Es war allerdings zu gefährlich, ihn mir unter dem Sattel vorstellen zu lassen, und ich bin natürlich auch nicht einfach selbst aufgestiegen. Stattdessen ließ ich mir alle Vorfälle erzählen und lernte ihn am Boden kennen. Ich tauschte mich mit der Besitzerin aus und teilte ihnen mit, dass ich sehr gerne mit den beiden arbeiten würde, dass es aber ein langer Weg sein würde, denn so ein Trauma ließe sich nicht von einem Tag auf den anderen lösen. Zudem wollte ich sicher sein, jeden einzelnen Trigger erkannt und abgestellt zu haben. Das brauchte Zeit. Seine Besitzerin hatte mittlerweile große Angst vor dem Reiten und sah kein Problem darin, dass es eine Weile dauern würde. Mein Vorgehen bei Pferden mit so einer Problematik ist individuell auf das Pferd abgestimmt und nie gleich. Es hängt von vielen Faktoren ab, wie z. B. Temperament, Motivationsart, Tiefe und Auslöser der Angst, weitere gemachte Erfahrungen, Beziehung zwischen Besitzer und Pferd sowie dem allgemeinen Charakter des Pferdes. All das hat einen Einfluss auf mein Vorgehen. Gesundheitlich abgecheckt sollten Pferde mit solchen Verhaltensweisen immer sein, bevor ein Training beginnt.

Ich besuchte die beiden fast jede Woche für eine Unterrichtseinheit. Wir starteten am Boden mit Gelassenheitstraining. Gelassenheitstraining heißt für mich nicht, dass wir das Pferd mit möglichst vielen Reizen konfrontieren und das Pferd eine möglichst kleine Reaktion darauf hat. Mein Fokus liegt darauf, dem Pferd mit Stressoren, bei denen es nicht in den Fluchtinstinkt fällt, zu erklären, wie es in diesen Momenten der Anspannung in sich selbst und mit dem Menschen Sicherheit und Entspannung finden kann. Ein Prozess, bei dem das Pferd verzweifelt versucht, aus einer angsteinflößenden Situation zu fliehen, und dabei lernt, dass Flucht und Abwehr zwecklos sind, ist nicht sinnvoll und nicht zielführend. Es zerstört jegliches Selbstbewusstsein, und viel zu oft landen Pferde so in der erlernten Hilflosigkeit. Sie haben gelernt, dass sie keine Kontrolle über das, was ihnen geschieht, haben und geben sich auf. Diese Pferde sehen auf den ersten Blick oft aus wie die »Verlasspferde«, die oft erwünscht sind. Sie zucken nicht bei Reizen, sind sehr folgsam und nie unberechenbar. Doch ihr Blick ist leer.

Reykur ist mittlerweile sehr sicher unter dem Sattel.

Dies ist niemals mein Ziel im Gelassenheitstraining. Ich möchte dem Pferd Mittel an die Hand geben, mit denen es besser mit Umweltreizen umgehen kann und gleichzeitig erkennt, dass es sich gut am Menschen orientieren kann.

Schritt für Schritt hat Reykur seine toten Winkel kennengelernt, Geräusche hinter und über sich verstanden und durchdacht. Er hat Musikboxen, Flatterband, Fahnen und Poolnudel kennengelernt und verstanden. Danach habe ich ihn mit ganz viel Ruhe wieder angeritten, wie ein junges ungerittenes Pferd. Wir haben mit dem Einparken gestartet, ich habe mich über ihn gelegt und bin viele Runden geführt worden, bevor ich mich tatsächlich ganz aufgesetzt habe. Wir blieben zunächst im Roundpen und seine Besitzerin hat ihm Sicherheit vom Boden gegeben. Teil für Teil haben wir das Puzzle zusammengesetzt. Ich habe auf ihm auch immer wieder unerwartete Geräusche und Bewegungen gemacht. So konnten wir nach genügend Vorbereitung auch außerhalb des Roundpens reiten und uns hier verschiedenen Reizen stellen. Selbst wenn er sich erschreckt hat und kurz vorwärts wollte, konnte ich ihn ohne Probleme wieder durchparieren. Ein weiteres Problem waren andere gerittene Pferde. Mithilfe von Stallkolleginnen des Hofes und ihren Pferden konnte ich Reykur langsam daran gewöhnen, neben anderen gerittenen Pferden zu laufen, sich überholen zu lassen oder sich entgegenzukommen. Das letzte bisschen Anspannung konnte er in diesen Momenten nicht aufgeben, aber er war trotzdem händelbar und konnte gut zuhören. Die Besitzerin habe ich dabei unterstützt, sich wieder auf Reykur zu trauen. Bei ihr saß das Trauma natürlich tief und es brauchte Zeit, um wieder Vertrauen aufzubauen. Es war wichtig, Reykur vorher eine sichere neue Basis zu geben, damit er sich auch von ihrer Angst nicht zu sehr verunsichern ließe und gegebenenfalls Rückschritte machte. Die Besitzerin konnte nach und nach ein neues Gefühl entwickeln und durch die kleinen guten Erfahrungen ihre Angst verringern. Dabei geht es nicht um Zähne zusammenbeißen und durch, sondern darum, wirklich im eigenen Tempo vorzugehen. Sie konnte absteigen, wenn sie sich unsicher gefühlt hat und hat sich so auch selbst reguliert in ihren Emotionen. Dies ist auch wichtig für das Pferd. Die beiden konnten nochmal von Grund auf neu starten und ich habe sie als Sicherheitsanker begleitet. Oft geht es dann nicht mehr darum, dass ich aktiv einwirke und helfe, sondern um mein Einschätzungsvermögen. Ich lese das Pferd und schätze ein, womit es gerade umgehen kann und wo wir an eine Grenze kommen.

Mir sind schon einige Pferde begegnet, die neu bei ihren Besitzern waren und als sehr unkomplizierte Pferde gekauft wurden. Nach ein paar Wochen oder Monaten treten plötzlich Probleme auf. Die Pferde lassen sich nicht mehr reiten, verladen oder sind sehr schreckhaft. Das liegt in vielen Fällen nicht an Inkonsequenz oder Unwissen der neuen Besitzer, sondern das Problem liegt in der vorherigen Ausbildung. Dein neues Pferd hat dich kennengelernt und fühlt sich sicher genug, »Nein« zu sagen. Das ist eigentlich ein großes Kompliment. Es hat in seinem vorherigen Handling mehr Druck und Zwang erfahren, und wenn du diese Methoden nicht weiterführst, verändert sich auch das Verhalten des Pferdes. Es teilt mit, wie es sich bezüglich bestimmter Aufgaben und Interaktionen fühlt. Dabei spiegelt es das vorherige Training, nicht dich. Es darf endlich kommunizieren und tut dies jetzt. Das kann dich ganz schön fordern, weil du doch dachtest, du kaufst ein verlässliches Pferd. Es ist jetzt deine Aufgabe, diese negativen Erwartungen und Einstellungen deines Pferdes und die damit verbundenen Emotionen für dein Pferd in positive Gefühle umzuwandeln. Ich finde, dass dies ein schöner belohnender Prozess ist, aber manchmal ist er gar nicht so einfach.

Nebenbei gesagt, kann der Fall aber auch ganz anders sein, manchmal haben neue Besitzer schlichtweg keine klaren Grenzen und Regeln und das Pferd hat vorher eine sehr faire Ausbildung genossen und weiß mit dem neuen Freiraum nicht umzugehen und wird deshalb unsicher. Manchmal ist es auch eine Mischung aus beidem. Der Fall von Reykur zeigt, dass er in der Reitpause zum Aufbau der Muskulatur seine Besitzerin gut kennengelernt hat und sich danach sicher genug fühlte, um ihr mitzuteilen, dass er starke Angst vor dem Reiten hatte.

Unser erster Ausritt. Ein ganz toller Moment – die ganze Arbeit hat sich voll und ganz gelohnt.

KAPITEL 7

KOMMUNIKATION AUF ALLEN EBENEN

Wir kommunizieren laufend mit unseren Pferden, ob wir das gerade wollen oder nicht. Pferde sind wahre Meister darin, uns zu lesen, und nehmen Signale auf, über deren Sendung wir uns nicht einmal bewusst sind. Umso wichtiger ist es, dass wir bewusst und reflektiert kommunizieren.

Kommunikation auf allen Ebenen

Kommunikation ist eine Kunst. Wie oft missverstehst du andere Menschen? Und diese sprechen zumindest die gleiche Sprache wie du. Dein Pferd spricht nochmal eine ganz andere Sprache. Missverständnisse sind nicht schlimm, beide Seiten müssen nur den Raum und die Möglichkeit haben, sich auszudrücken. Unsere Pferde wollen sich harmonisch mitteilen und werden erst laut in ihrer Ausdrucksweise, wenn wir vorher nicht zugehört haben und ihre Grenzen stark überschritten wurden.

ENERGIE

Energie ist ein so grundlegendes Element der Kommunikation mit dem Pferd, das für die meisten von uns allerdings gar nicht erklärbar ist. Oft wird energetische Kommunikation mit Skepsis als Esoterikkram eingeordnet. Hast du schon mal einen Raum betreten und dich sofort heruntergezogen gefühlt von der Energie dort, von der Schwere und den Emotionen der Menschen in dem Raum? Ohne dass jemand von ihnen etwas gesagt hat? Vielleicht fand hier gerade ein Streit statt oder es wurden schlechte Nachrichten überbracht. Oder aber du hast einen Raum betreten und dich sofort wohlgefühlt, auch wenn du die Menschen gar nicht kanntest? Du konntest die Offenheit und Herzlichkeit direkt spüren? Das zählt alles zur Energie. Du kannst nicht immer begründen, warum und wie dich dein Umfeld gerade beeinflusst, aber dein Körper nimmt es wahr. Dein Pferd ist um vieles sensibler als wir und jede Technik und Hilfengebung ist wertlos, wenn deine Energie nicht stimmt. Pferde nehmen mehr wahr, als wir uns oft vorstellen können oder möchten. Sie lesen unsere Intentionen, nehmen unsere Gedanken und Emotionen wahr, denn diese tragen wir immer nach außen.
Deine Energie ist alles, was du bist. Alles, was du denkst, fühlst und verkörperst. Von Moment zu Moment verändert sich deine Energie, und dies zu spüren und zu steuern, ist eine Fähigkeit, die du trainieren kannst. Du hast eine Grundenergie und die Anpassungen davon sind es, die für dich und dein Pferd so wichtig sind. Genauso hat dein Pferd eine Grundenergie und sich verändernde Ausschläge. Eure Grundenergien müssen sich nicht ähneln, aber ihr müsst die des anderen mögen, damit ihr gut miteinander sein könnt.

Um dir mein Verständnis von Energie näherzubringen, schauen wir uns drei Ebenen von Energie an. Physische, mentale und emotionale Energie.

Die **physische Energie** ist die, die für die meisten von uns am verständlichsten ist. Oft können wir auf diese Ebene auch am einfachsten Einfluss nehmen. Ich habe die wichtigsten Träger deiner physischen Energie für dich gesammelt. Du kannst eine passive, einladende, abweisende, auffordernde, entspannte oder raumhaltende Körperhaltung haben. Deine Haltung kann deinem Pferd signalisieren, ob du es gerade ansprichst und etwas erwartest oder eher passiv zum Beispiel Ruhe in die Situation bringen möchtest. Du kannst Raum halten, geben oder nehmen. Dein Pferd reagiert auf eine bewusste Intention hier meist sehr gut. Während man den Raum von außen sehr gut sehen kann, musst du dir in der Interaktion mit deinem Pferd immer wieder darüber bewusst sein, den Raum deines Pferdes zu respektieren und auch deinen Raum klar zu kommunizieren. Deine Körperspannung wird von deinem Pferd oft übernommen. Ein aktives Entspannen ist also sehr wichtig. Wenn dein Pferd eher träge ist, hilft es, wenn du mehr Körperspannung hast und umgekehrt. Deine Körperspannung kann angespannt, entspannt, unregelmäßig oder fließend sein. Deine visuelle Hilfengebung stützt sich größtenteils auf deine Bewegungen. Weniger ist hier oft mehr und mit bewussten Bewegungen kann dein Pferd am meisten anfangen. Du kannst unter anderem zwischen schnellen, langsamen, ruckartigen, fließenden, hektischen, unsicheren, schleichenden, ruhigen und bestimmten Bewegungen entscheiden, je nach Ziel. Dein Pferd kann lernen, deine Bewegungen zu spiegeln, und du kannst tolle Sachen erarbeiten. Die Ausrichtung deiner Schultern, Hüfte und sogar der Zehenspitzen haben einen Einfluss auf dein Pferd, und je bewusster du sie einsetzt, desto mehr wird dein Pferd darauf achten. Gesten zählen in der menschlichen Kommunikation zu einem wichtigen Tool. Mit deinen Händen kannst du mit deinem Pferd tatsächlich auch gut kommunizieren, du kannst es zum Folgen einladen oder auch durch diese visuelle Hilfe auf Abstand halten. Zu den Gesten gehört auch das Anfassen deines Pferdes und die Einwirkung von Gegenständen, wie Seil oder Gerte, auf die du deine Energie überträgst.

Auch die Mimik ist wichtig, mit anderen Menschen ist sie ein großer Teil der Verständigung und auch auf dein Pferd hat sie Einfluss. Pferde sind in der Lage, unsere Mimik in Teilen zu lesen und mit unserer Gefühlslage zu verbinden. Ein Lächeln entspannt nicht nur dich, sondern auch dein Pferd. Dein Blickkontakt sowie deine Blickrichtung beeinflussen dein Pferd ebenso. Dein ganzer Körper richtet sich unbemerkt nach deinem Blick aus. Setz deinen Blick ein, um deinem Pferd zu sagen, wo es sich hinbewegen soll. Neben beigebrachten Stimmkommandos kann dein Tonfall selbst stark verkörpern, wie du dich fühlst, und Lob oder Warnungen schnell überbringen. Ein wahrer Gamechanger ist deine Atmung. Fängst du an, diese bewusst einzusetzen, wirst du eine große Veränderung in deinem Pferd spüren.

Hast du überhaupt schon mal auf deine Atmung geachtet, während du mit deinem Pferd interagiert hast? Pferde lesen unfassbar viel aus unserer Atmung und übernehmen diese auch. Im besten Fall solltest du tief und ruhig atmen. Deine Atmung sollte deine Taten unterstreichen. In Stresssituationen neigen wir dazu, schnell und flach zu atmen oder sogar die Luft anzuhalten. Dies stresst deinen gesamten Körper und überträgt sich auf dein Pferd. Ein tiefes Ausatmen, fast ein Seufzer, wird von deinem Pferd gerne wenige Sekunden später gespiegelt. So harmoniert ihr und gebt euch gegenseitig ein sicheres Gefühl. Du kennst es bestimmt, wenn man in der Gruppe ausreitet, ein Pferd schnaubt und dann alle anderen miteinstimmen, oder?

Die **physische Energie** ist auch überwiegend von außen sichtbar, da es eben ein großer Teil deiner Hilfengebung ist. Da ich deine physische Energie am leichtesten wahrnehmen kann, kann ich sie als Trainerin gut kommentieren und dich auf Aspekte aufmerksam machen. Für die Pferde ist sie aber nur ein kleiner Bruch-

Ich gebe die hohe Energie vor, die sich im Pferd spiegelt.

teil eurer Kommunikation. Genau dies ist auch der Knackpunkt, weshalb ich regelmäßig Kundenpferde bekomme und alles butterweich läuft, bei dir aber nicht, obwohl du dir sicher bist, die Hilfengebung zu beherrschen. Technik und Hilfengebung sind sehr wichtig, aber eben nicht alles. Für dein Pferd sind sie nur ein kleiner Teil der Kommunikation und oft nicht ausreichend. Dementsprechend ist es umso wichtiger für mich, dich kennenzulernen, zu verstehen, wie du tickst und welche deiner Glaubenssätze und Charakterzüge dein Pferd beeinflussen. Je bewusster du dir über dich selbst bist, desto besser kann ich euch unterstützen.

Die **mentale Energie** ist die zweite Ebene, die ich dir näherbringen möchte. Hierzu gehören deine Gedanken und Entscheidungen, deine Überzeugungen und Glaubenssätze. Durch unseren Kopf fliegen tausende Gedanken, während wir mit unseren Pferden zu tun haben. Man-

Ich bin entspannt und das Pferd auch. Es ist wichtig, das Pferd leiten zu können in hohe und niedrige Energie.

che denken wir bewusst, manche bemerken wir kurz und einige nehmen wir kaum wahr. Da sind Zweifel, Wünsche, Ideen und Fragen. Sie alle beeinflussen unsere Energie und die Art und Weise, wie unser Pferd uns sieht und auf uns reagiert. Alles, was in deinem Kopf abläuft, beeinflusst deinen gesamten Körper und beeinflusst dein Pferd. Achtsamkeit hinsichtlich deiner Gedanken heißt, dass du das Wirrwarr so gut wie möglich sortierst und dabei Ängste identifizierst und dir darüber bewusst wirst, welche Gedanken dich gerade mit deinem Pferd wirklich unterstützen. Dein Pferd wird deine Hilfengebung nicht ausführen, wenn du dabei denkst, dass es sowieso wieder nicht funktioniert. Du kommunizierst gegensätzlich und dein Pferd kann dir nicht folgen. Deine Gedanken haben einen direkten Einfluss auf deinen Körper und somit auch auf deine physische Energie und die Art, wie du dich verhältst. Oft gehen wir in Situationen mit unseren Pferden schon mit Erwartungen hinein. Das kann positiv sein, wenn wir eine Selbstverständlichkeit und Zielstrebigkeit mitbringen, aber euch auch einschränken, wenn du bereits erwartest, dass etwas nicht funktioniert. Überzeugungen sind Glaubenssätze über dich oder dein Pferd, die dich an unbeschwertem Handeln hindern und auch deinem Pferd einen Stempel aufdrücken, welcher dein Pferd aus deinem Blickwinkel so reagieren lässt, wie du es erwartest, ob positiv oder negativ.
Dein Selbstwertgefühl, deine Willensstärke und dein Durchhaltevermögen sind weitere Komponenten deiner mentalen Energie. Ich sage es immer wieder, Pferdearbeit ist Arbeit an uns selbst. Je mehr wir uns selbst auf der mentalen Ebene bewusst sind, desto logischer und sicherer sind wir für unsere Pferde.
Innere Bilder sind ein starkes Tool, um deinem Kopf und Körper vereinfacht zu erklären, wie Bewegungen und Hilfen aussehen sollen. Es gibt abstrakte, kreative innere Bilder, die du nutzen kannst, aber bereits das genaue Vorstellen von der Aktion, die du dir von deinem Pferd wünschst, ist sehr zielführend. Du verdrängst so die Erinnerung an Versuche, bei denen es vielleicht nicht so gut geklappt hat, und vermittelst deinem Pferd ein klares Bild deines Wunsches. Unsere Pferde sind so sensibel, dass sie das ganz genau wahrnehmen.

Es wird noch ein wenig schwieriger zu steuern, wenn wir uns die letzte Ebene anschauen, die **emotionale Energie**. Emotionen passieren als unmittelbare Reaktionen auf Geschehnisse und sind dementsprechend schwer zu beeinflussen. Wir können sie allerdings reflektieren und dann verändern. Emotionen entstehen aber auch durch unsere Gedanken, vergangene Erfahrungen und Erwartungen. Emotionen sind machtvoll. Sie haben einen großen Einfluss auf deine Körpersprache und deine Gedanken. Deine Emotionen lassen sich oft nicht bewusst steuern, trotzdem kannst du sie aber anerkennen und loslassen, wenn sie da sind. Dies spürt dein Pferd. Im Umgang mit Menschen erlernen wir relativ früh die Fähigkeit, unsere Emotionen verstecken zu können. Bei unseren Pferden funktioniert das nicht. Neben ihrer Feinfühligkeit können sie auch noch so gut riechen, dass sie uns auf Hormonebene lesen können. Sie riechen deine Angst also anhand der Hormone, die du natürlich unkontrolliert ausschüttest. Es ist also unmöglich, unsere Pferde anzulügen. Schön, oder? Plötzlich sind wir dann doch genauso ehrlich wie unsere Pferde. Wenn wir dann noch ehrlich uns selbst gegenüber sind und unsere Emotionen annehmen und verarbeiten, sind wir für die Pferde und für uns selbst angenehme Weggefährten. Außerdem hast du es zu einem großen Teil selbst in der Hand, wie du auf Geschehnisse und Situationen mit deinem Pferd reagierst. Nach der ersten Emotion, die unmittelbar auftritt, kannst du direkt reflektieren und dich regulieren, um dann eine andere Sichtweise zu wählen und eine andere Emotion zu erhalten. Es ist normal, manchmal unreguliert zu sein und ungewollt auf bestimmte Situationen oder Verhaltensweisen stark zu reagieren. Du musst nur lernen, dich selbst dabei zu erkennen und die Situation zu deeskalieren. Indem du nicht der vorrangigen Emotion nachgibst, sondern deinem Nervensystem die Möglichkeit gibst, sich wieder zu regulieren, schaffst du Raum für dich selbst und dein Pferd, sich sicher zu fühlen. Es ist völlig in Ordnung, Situationen abzubrechen, abzusteigen oder dein Pferd zeitweise jemand anderem zu überreichen. Du verlierst dabei nicht. Du schützt dein Pferd vor deiner fehlenden emotionalen Regulation und schützt damit auch eure Bindung zueinander. Wenn du nicht sicher bist, kann sich dein Pferd auch nicht sicher fühlen.

Doch wie regulieren wir unsere Energie und lenken sie in positive Bahnen? Wir fangen da an, wo wir direkt einwirken können, bei der physischen Energie. Das gesamte Nervensystem lässt sich durch bewusste und tiefe Atmung und eine Verlangsamung der Bewegungen beruhigen. Dies ist der erste und wichtigste Schritt, um beispielsweise in Situationen, in denen Angst, Aufregung oder Verbissenheit in dir brodeln, zu dir zurückzukommen und neutral einen neuen Weg zu finden. Du regulierst deinen Körper und gleichzeitig hat dies einen direkten Einfluss auf deine mentale und emotionale Energie. Innehalten und aus der Aktion in die Reflexion gehen, um fairer zu sein.
Oft vergessen wir, dass wir jederzeit die Chance haben, innezuhalten. Wir können das Seil entfernen und den Reitplatz verlassen, absteigen oder mit dem Pferd an einen anderen Ort gehen. Je nachdem, wo wir den Stress verspüren, können wir Raum und Zeit dazwischen vergrößern und so erst zu uns selbst zurückkommen. Wenn du im Überlebensmodus bist, versetzt du auch dein Pferd hinein. Hör auf, wenn es sich nicht gut anfühlt und du keinen Weg weißt, um ein gutes Ergebnis zu erlangen. Unterbrich dich selbst und komm zurück in deine eigene Harmonie, bevor du dich wieder an dein Pferd wendest. Etwas Abstand gibt dir die Chance, eine neue Perspektive einzunehmen.

Berechenbarkeit bedeutet auch, dass wir unsere Emotionen wahrnehmen und regulieren können.

Umgang mit Pferden ist Selbstreflexion. Immer und immer wieder. Was tue ich? Was denke ich? Was fühle ich? Der Blick nach innen tut hin und wieder etwas weh, aber wenn wir diese Reflexion vermeiden, stoßen wir wieder und wieder auf die gleichen Probleme und unsere Pferde halten sich mit ihrem Vertrauen in uns zurück.

Unsere Pferde nehmen es uns nicht übel, wenn beispielsweise die Angst kurz anklopft. Verheimlichen können wir dies dank der guten Pferdenase sowieso nicht. Den Pferden ist es für ihre eigene Sicherheit aber wichtig, dass wir unsere Emotionen wahrnehmen, uns selbst reflektieren und so wieder berechenbar agieren.

Es gibt verschiedene Übungen und Techniken, die dir dabei helfen können, dein eigenes Nervensystem zu beruhigen, und die zugleich natürlich auch einen positiven Einfluss auf dein Pferd haben.

Verlangsamen

Wir haben mit unseren Pferden auch in aufregenden Situationen mehr Zeit als wir oft denken. Das Verlangsamen unserer Bewegungen hat viele positive Aspekte. Zunächst beruhigt dies unser Nervensystem sehr effektiv. Wir kommen aus dem Panikmodus wieder zurück in unseren Körper und können diesen bewusst einsetzen. Du kannst langsamer laufen, deine Arme ruhiger bewegen und mehr zum Fels in der Brandung für dein Pferd werden. Je mehr sich dein Pferd bewegt und je hektischer es ist, desto ruhiger und langsamer darfst du sein. Das heißt natürlich nicht, dass du dich umrennen lässt oder nicht auch zwischendurch schnell reagieren musst, aber solange dein Pferd deinen Raum wahrt, darfst du ruhig und bedacht sein. Dein Pferd sieht, dass ihr euch nicht gemeinsam aufregt, und es wird beginnen, sich dir anzupassen, denn du strahlst Sicherheit aus und sparst dabei auch noch Energie.

Erdungsanker

Du vergisst hin und wieder das Atmen? Oder das Loben? Oder das Lockerlassen des Seils? Setze dir einen Anker, der dich daran erinnert. Das kann beispielsweise sein, dass du immer tief ausatmest, wenn du bei »A« vorbeigehst oder reitest, oder immer, wenn du draußen unterwegs eine Pfütze siehst oder wenn du auf deine Schuhe siehst – was auch immer für dich Sinn ergibt. Das Ziel ist es, einen visuellen Reiz mit der Erinnerung zu verknüpfen, etwas zu tun, was du sonst vergessen würdest.

Dinge aufzählen, über die du Kontrolle hast

Diese Übung eignet sich für die Momente, in denen du dir Szenarien ausmalst, dein Pferd aber nicht durch etwas alarmiert ist.

Wenn die Angst aufkommt, während du mit deinem Pferd zusammen bist, kann es hilfreich sein, aufzuzählen, worüber du Kontrolle hast. Dies kann dir besonders helfen, wenn die Tatsache, dass du in manchen Momenten keine Kontrolle über dein Pferd haben kannst, für dich beängstigend ist. Dann stell dir die Frage, worüber du Kontrolle hast. Z. B. über deine Atmung, deine Körperhaltung, deine Bewegungen, deine Körperspannung, deine Gedanken, wohin du gehst, wie schnell du dich bewegst, was du sagst und so weiter.
Während du dies aufzählst, veränderst du auch ganz konkret etwas an deiner Atmung, deiner Körperhaltung, deinen Bewegungen. Spürst du die Kontrolle über deine Atmung? Atme tief ein und aus. Spürst du die Kontrolle über deine Körperspannung? Lass deine Schultern entspannt fallen. Dies hat einen wunderbaren Effekt auf dein Pferd. Du zeigst, dass du dir bewusst über dich selbst bist und eine Selbstkontrolle hast. Dein Pferd braucht genau diese Information von dir, um sich bei dir sicher zu fühlen.

Emotionale Checkliste

Ich habe zu Anfang gesagt, dass es mehr Reflexion und weniger Aktion für mehr Harmonie mit unserem Pferd braucht. Dies können wir mit einer emotionalen Checkliste gut umsetzen. Es kann zu einer Angewohnheit werden, sich regelmäßig selbst zu lesen. Bin ich präsent und setze ich meinen Körper bewusst ein? Lasse ich mich von Gedanken ablenken? Wie wirke ich auf mein Pferd? Strahle ich das aus, was ich bewirken möchte?

Visualisierung

Pferde lesen unsere Intentionen und das, was wir unterbewusst ausstrahlen. Dies können wir wunderbar nutzen, um zu visualisieren, was wir uns wünschen. Dabei können wir uns vorstellen, wie sich das Pferd verhalten soll. Wir können uns vorstellen, wie es auf eine Hilfe reagiert oder sich entspannt. Wir können uns auch vorstellen, wie wir uns selbst entspannen, falls wir gerade aus einem Angstgedanken nicht herauskommen. Oder auch visualisieren, wie unser Raum aussieht, den unser Pferd nicht betreten soll, zum Beispiel durch einen Ring, eine Seifenblase oder durch Wellen. Innere Bilder sind ein starkes Werkzeug.

Atmung

Atmen ist das Wichtigste, ob mit Pferd oder ohne Pferd. Wenn sich dein Pferd schwertut, sich mit dir zu entspannen, vielleicht weil du auch nicht vollständig entspannt bist, kann es helfen, eine einfache Atemübung zu machen. Atme 4 Sekunden tief in den Bauch ein, halte 4 Sekunden den Atem an und atme langsam 6 – 8 Sekunden aus.

SIGNALGEBUNG

Deine Energie und ihre verschiedenen Ebenen fassen deine Kommunikationsmöglichkeiten schon sehr gut zusammen. Natürlich kannst du auch mit Hilfsmitteln wie dem Seil oder der Gerte kommunizieren. Diese sollten aber nur deine anderen Signale unterstützen, alleinstehend sagen sie nichts aus.

Du und dein Pferd, ihr habt verschiedene kommunikative Kompetenzen. Sie überschneiden sich nur in einem Teil. Auf diesen Teil dürfen wir uns konzentrieren und ihn so gut wie möglich ausbauen und verfeinern. Dein gesamtes sprachliches Vokabular kannst du beispielsweise streichen. Dies ist für dein Pferd unwichtig. Natürlich kann es einige Wörter, Stimmkommandos und deinen Tonfall deuten lernen. Dies ist aber ein Lernprozess und keine primäre Verständigung. Dein Pferd hat auch so einige Nuancen, die du nicht lesen kannst. Je nachdem, wie gut du

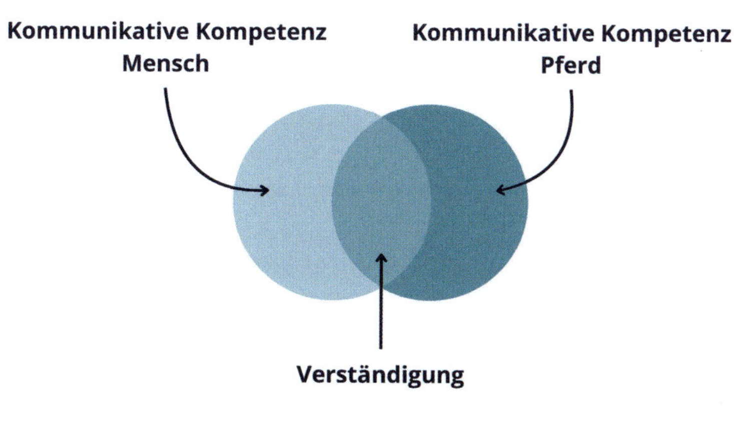

Im sich überschneidenden Bereich findet Kommunikation statt.

Ich stehe passiv und bilde eine klare Intention in meinem Kopf. Hier möchte ich gleich die Hinterhand von mir weg verschieben.

dich mit deinem Pferd und mit Pferden allgemein auskennst und wie gut dein Gespür ist, kannst du dein Pferd mehr verstehen als andere Personen. Vollständig verstehen können wir trotzdem nicht alle Kommunikationsmaßnahmen der Pferde. Die Pferde versuchen trotzdem, auch auf diesen Wegen mit uns zu kommunizieren. Umso wichtiger ist es deshalb, auf die Botschaften zu reagieren, die wir erkennen und deuten können. So kann dein Pferd lernen, die Kommunikationsarten ein wenig zu favorisieren, die du verstehst.

Das Ziel sollte immer sein, mit kleinen, bewussten Signalen zu kommunizieren. Je lauter du bist, desto unwichtiger bist du für dein Pferd. Drückst du dich präzise und angemessen aus, wirst Du zu einem spannenden Gesprächspartner für dein Pferd. Dein Pferd liest mehr als du senden willst, von daher kannst du dich zurücknehmen und auf eine bewusste und zielgerichtete Kommunikation konzentrieren, die auf allen Ebenen klar ist. Die Signale bauen dabei aufeinander auf, denn am schönsten ist eine Kommunikation, die von außen betrachtet unsichtbar ist. Dafür musst du dir sehr bewusst über deinen Körper, deine Gedanken und Gefühle sein. Dein Pferd wird dies dankend annehmen. Pferde, die in der Vergangenheit unbewusst und mit großen Signalen gehändelt wurden, müssen manchmal erst verstehen lernen, dass jedes kleine Signal jetzt wieder eine Bedeutung trägt.

Intention

Kommunizieren solltest du immer zuallererst mit deiner Intention.

Was möchtest du in deinem Pferd auslösen? Wie soll es sich bewegen? Wie soll es sich fühlen? Wir haben bereits darüber gesprochen, dass dein Pferd genau weiß, was in dir vorgeht, daher fängst du auf dieser Ebene an, dich vorzubereiten und deinem Pferd zu vermitteln, was du dir vorstellst. Wenn du sehr bewusst bist und dein Pferd stark mit dir verbunden ist, kann die Intention schon ausreichen, um die gewünschte Reaktion zu bekommen. Es ist wie ein innerer Dialog, den dein Pferd hören kann.

Orientierung & Körperausrichtung

Erst danach fängst du an, dich tatsächlich zu bewegen und gegebenenfalls deine Position zu verändern. Am Boden ist es meistens so, dass du dich in die Richtung ausrichtest, in die sich dein Pferd bewegen soll, oder du drehst dich zu dem Körperteil, welches du bewegen möchtest. Gegebenenfalls kannst du die Bewegung auch vormachen, die du von deinem Pferd sehen möchtest. Oft nehme ich erstmal passiv die Position ein und erwarte noch keine Reaktion von den allermeisten Pferden, da ich mich immer um das Pferd herumbewegen können möchte, ohne dass es direkt darauf reagiert. Beim Reiten würdest du z. B. deinen Sitz verändern, d. h. die Sitzhilfe ist deine primäre Hilfe, auf die dein Pferd auch gerne bereits reagieren darf.

Fokus und Blick

Um deine Körperausrichtung zu intensivieren, kannst du deinen Blick bewusst nutzen, um auf den Körperteil zu schauen, welchen du bewegen möchtest, oder eben in die Richtung zu schauen, in die dein Pferd gehen soll. Dein Körper folgt unbewusst deinem Blick und es ist für dein Pferd hilfreich, zu lernen, dass es sich am besten innerhalb deines Blicks bewegen kann.

Körperspannung

Deine mentale und emotionale Energie hast du mit der Intention bereits aktiviert. Nun nimmst du eine positive Körper-

Ich richte meinen Körper so aus, dass meine Schultern zur Hinterhand zeigen und mein Blick auch diesen Körperteil anspricht.

Ich nehme eine energievolle Körperspannung ein.

spannung ein, um deine physische Energie noch mehr zu nutzen und auch dein Pferd in eine Reaktionsbereitschaft zu bringen. Ab jetzt kannst du eine Reaktion deines Pferdes erwarten. An diesem Punkt eignet es sich auch, ein Stimmsignal einzubringen, welches dein Pferd kennt.

Bewegung

Als nächsten Schritt kannst du deinen Wunsch weiter erklären, indem du dich bewegst. Jetzt veränderst du auch den Raum zwischen euch. Du gehst also beispielsweise los, wenn dein Pferd loslaufen soll, gehst einen kleinen Schritt zurück und ziehst damit die Schulter deines Pferdes mit dir oder gehst einen Schritt auf die Hinterhand zu, damit diese weicht. Du hebst deinen Arm und zeigst damit in die gewünschte Richtung oder hebst die Gerte, um den Raum zu schließen, in den dein Pferd nicht gehen soll. Über das Verständnis von Raum erzähle ich dir später noch mehr.

Beim Reiten kannst du nun Hilfen mit deinem Gewicht, den Schenkeln oder dem Zügel geben. Es hat sehr viel Bedeutung für dein Pferd, wenn du Bewegungen vormachst und die Energie zeigst, die du von deinem Pferd erwartest. Am Boden kann dich dein Pferd gut sehen und

Im nächsten Schritt gehe ich auf die Hinterhand zu. Ausrichtung, Blick und Körperspannung bleiben erhalten.

spiegeln, was du tust. Viele Pferde erwarten, dass du die aufgebrachte Energie, die du von ihnen erwartest, auch selbst zeigst. Je fortgeschrittener und feiner ihr kommuniziert, desto wichtiger wird auch der Takt, in dem du dich bewegst. Hier fängt Tanzen an.

Berührung

Braucht dein Pferd mehr Hilfe, darfst du es jetzt durch Berührungen unterstützen. Dazu gehört zum Beispiel das Zupfen am Seil oder das Antippen mit der Hand oder Gerte. Seil, Gerte und Zügel sind Instrumente, die ich sehr weich und locker in der Hand halten möchte. Natürlich so, dass ich schnell die Hand schließen kann und mein Pferd auch bei einer unerwarteten Bewegung nicht gleich verliere, aber eben so leicht, dass ich über kleine Bewegungen der Finger oder des Handgelenks kommunizieren kann und keinen verkrampften Griff habe. Der Druck, den ich über die Berührung ausübe, ist nicht schmerzhaft, sondern bleibt auf einem Level, welcher das Pferd nicht in negativen Stress versetzt und bei dem das Pferd weiterhin die Möglichkeit hat, nicht zu reagieren. Ich möchte lediglich stören. Warum ich nichts von eskalierendem Druck innerhalb der Signalgebung halte, erkläre ich dir nun.

Ich berühre leicht mit der Gerte, um eine weitere Erklärung für meinen Wunsch zu geben. Würde Ghost mich hier nicht verstehen, würde ich andere Erklärungen geben, wie mehr Körperspannung, ein Zupfen am Seil oder einen weiteren Schritt auf die Hinterhand zu.

Sobald er anfängt zu reagieren, ziehe ich meine Hilfen sofort zurück.

Wir kommen in einer entspannten Endposition an.

Seil und Gerte sind Instrumente und sollten weich gehalten und locker aus dem Handgelenk bewegt werden.

DRUCK UND DROHUNGEN

Die Signalgebung wird oft wie eine Drohung genutzt und nicht wie Erklärungen und Hilfestellungen. Dabei wird der Druck einfach stufenweise ins Unermessliche gesteigert, bis das Pferd die richtige Lösung findet. Das funktioniert schnell und einfach. Das Pferd lernt, dass es unter Zeitdruck steht, deine Signale zu beantworten. Es weiß, dass der Druck unangenehm werden wird, wenn es dich nicht versteht. Unter Angst lernt es sich nicht gut, weshalb dieser Ansatz dein Pferd zwar gefügig macht, aber nicht zum kreativen Mitdenken motiviert.
Meiner Meinung nach gibt es nur ein Szenario, in dem ich den Druck kurzfristig stark steigern darf. Dies ist der Moment, in dem es um meine Sicherheit und/oder die des Pferdes geht. Es sind Momente, die ich nicht plane, sondern in denen ich plötzlich auf das Pferd reagieren muss. Es sind meistens kurze Korrekturen. Danach darf ich sofort in die Reflexion gehen und verstehen, wie es dazu gekommen ist, dass diese Reaktion nötig war, und wie ich das Pferd in eine Lage bringen kann, in der wir beide sicher und harmonisch miteinander umgehen können. Vielleicht muss ich dafür das Umfeld verändern oder mich besser erklären. Wichtig ist auch zu verstehen, ob das Pferd Angst hat und sich verteidigt oder ob es vielleicht nicht gelernt hat, wie es sich dem Menschen gegenüber verhalten sollte. Oft muss ich hier auch die Fehler anderer ausbügeln und das Pferd aus einem erlernten Muster holen. Das Ziel ist immer, dies tun zu können, ohne dass es körperlich unangenehm wird. Das ist leider nicht immer möglich. Der wichtige Unterschied ist, dass ich nicht plane, das Pferd durch starken Druck zu etwas zu bringen, sondern in der Situation auf das Pferd reagiere, damit es nicht mich oder sich selbst verletzt. Ich zwinge das Pferd also nicht dazu, etwas zu tun, sondern zeige lediglich die Konsequenzen von dem gerade gezeigten Verhalten auf. Dabei bin ich nicht nachtragend. Sobald wir uns wieder in Sicherheit befinden, werde ich das Pferd mit Ruhe und kleinsten Hilfen bitten, meine Fragen zu beantworten.

Wir trainieren unsere Pferde nicht für den Krieg und wir brauchen sie auch nicht, um die Rinderfarm am Laufen zu halten. Wir haben keinen Zeitstress, um unsere Pferde zu trainieren, und gestellte Aufgaben müssen auch nicht sofort funktionieren. Die Zeit für Dialog und für Individualität ist da. Es gibt keine Begründung für Abkürzungen und Zwang.

HILFEN ALS ERKLÄRUNGEN

Hilfen sollen als Erklärungen wirken. Hilfen sollen helfen. Ich möchte ein Pferd, welches mitdenkt, Zeit hat zu überlegen und selbstsicher Aufgaben ausführt. Wenn ich daher meine Abfolge der Signalgebung durchlaufen habe und bei der Berührung angekommen bin, das Pferd aber die Lösung noch nicht gefunden hat, steigere ich die Berührung nicht, bis sie für das Pferd schmerzhaft wird. Stattdessen überprüfe ich meine Signale und versuche, klarer zu sein oder die Signale anders zu geben. Ich erkläre mich also besser und werde nicht einfach lauter. Wenn jemand mit dir in einer fremden Sprache spricht, verstehst du die Person ja auch nicht besser, wenn sie dich anschreit, sondern wenn sie sich mit Händen und Füßen erklärt. Ich nehme meine Anfrage nicht wieder zurück, sondern halte die Erwartung und den leichten Druck. Sonst würde ich dem Pferd vermitteln, dass meine Signale keine Bedeutung haben oder die Reaktion des Pferdes das war, wonach ich gefragt habe. Damit würde ich mein Pferd nur verwirren. Daher bleibt die Frage bestehen, aber ich erkläre mich besser. Die Idee ist nicht, dass sich mein Pferd mehr anstrengen muss, um mich zu verstehen, sondern dass ich mich besser erklären muss, damit mein Pferd mich verstehen kann.

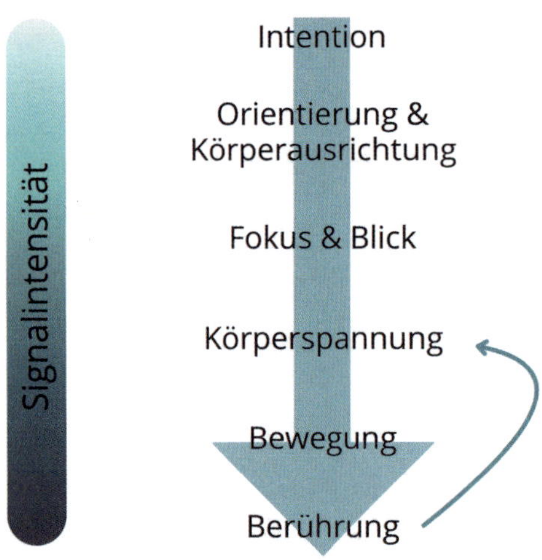

Der Ablauf einer fairen Signalgebung startet bei mir selbst, erst dann richte ich meine Frage an mein Pferd und erkläre mich bei Bedarf besser.

Ich gehe immer davon aus, dass mein Pferd mit mir zusammenarbeiten möchte, wenn es die Möglichkeit dazu hat. Dementsprechend muss ich es nicht zwingen, meinen Signalen zu folgen, sondern sollte eine würdige Gesprächspartnerin sein und mich vernünftig erklären.

Eine besondere Aufgabe sind Pferde, die stumpf und unsensibel wirken. Sie reagieren nicht auf kleine Hilfen und wirken stur. Das sind diese Pferde aber keinesfalls. Es gibt eine Vielzahl von Gründen für so ein Verhalten und keines davon lässt sich nachhaltig beheben, indem wir einfach mehr Druck machen. Einige Pferde haben die Erfahrung gemacht, dass sich der Mensch völlig unbewusst über die eigene Energie und Signale ist. Vielleicht wurde die Feinfühligkeit des Pferdes sogar bestraft, weil das Pferd dadurch unberechenbar wirkte. Diese Pferde haben gelernt, nicht mehr auf jedes kleine Signal zu reagieren und ihr Harmoniebedürfnis zu unterdrücken. Andere Pferde sind vor Angst gelähmt und trauen sich gar nicht, sich auf uns einzulassen. Schmerzen sind auch ein wichtiger Faktor, die Pferde unfähig machen, sich auf uns einzulassen.

Das Vertrauen des Pferdes in unsere Hilfen und unser Ziel, zu helfen und nicht zu schaden, ist kostbar und muss unbedingt erschaffen und erhalten werden. Mentale und körperliche Losgelassenheit wird nicht erreicht, indem wir das Pferd wie mit einer Fernbedienung über streng beigebrachte Reflexpunkte steuern können

Das Spiegeln können wir bewusst einsetzen, die Pferde übernehmen es intuitiv. Ich kann nur durch das Verändern meiner Körperhaltung und -spannung Speedy versammeln oder entspannen.

und es bemüht ist, schnell und richtig nachzugeben. Ich möchte eine grundlegende Nachgiebigkeit auf Druck, um das Pferd sicher in unserer Welt bewegen zu können, halte es aber nicht für sinnvoll und notwendig, dass sich mein Pferd binnen Millisekunden in allen Körperteilen in die wildesten Positionen verschieben und verbiegen lässt. Das Pferd muss nicht den Kopf zum Boden reißen, sobald etwas Druck auf den Mähnenkamm ausgeübt wird, es muss auch nicht die Nase zum Bauch bringen, wenn dort mit dem Schenkel angeklopft wird, und es muss nicht wie verrückt auf der Stelle mit der Hinterhand weichen, wenn die Gerte dorthin zeigt. Ich möchte, dass mein Pferd Zeit hat, meine Hilfe zu spüren, dabei keine Angst hat und diese auch kein Unwohlsein auslöst. Gerade hinsichtlich Gymnastizierung und Muskelaufbau ist es ausschlaggebend für den Erfolg, dass ich mit dem Feedback des Pferdes arbeite, um zu verstehen, wo es Probleme und Unwohlsein gibt. Ich möchte nicht dressieren, sondern kommunizieren. Hierfür ist es mir wichtig, dass das Pferd ein Gefühl für seinen Körper entwickelt und mir Rückmeldung gibt, ob die Umsetzung meiner Hilfe sich körperlich gut anfühlt.

Ich lade das Pferd durch das Platzgeben, Rückwärtsgehen und Kleinmachen ein.

Ich fordere Raum ein, indem ich auf die Schulter zugehe, mit meinen Schultern in die gewünschte Richtung zeige und mich sehr groß mache.

RAUMVERSTÄNDNIS

Dein Pferd ist sich sehr bewusst über den Raum um sich herum. Die Dynamik der Herde lebt von dem Raumverständnis. Alle Pferde wissen zu jeder Zeit, wo sie im Raum stehen, und dies gibt ihnen in einem Fluchtmoment einen entscheidenden Vorteil. Dein Pferd beachtet auch den Raum zwischen euch.

Dein Raum ist kostbar, genau wie der Raum deines Pferdes. Dabei ist dein Raum der Abstand zu deinem Gegenüber, der erhalten bleiben muss, damit du dich wohlfühlst. Je nachdem, wer dir gegenübersteht, kann dein Raum unterschiedlich groß sein. So möchtest du eine fremde Person auf mehr Abstand wissen als einen dir sehr vertrauten Menschen. Wenn dein Pferd eine ruhige Energie hat und du es einlädst, darf es dir näherkommen, als wenn es stark aufgeregt ist. Ihr habt beide eure sichere Blase und betretet die des anderen nicht einfach.

Es wird oft das Bild vermittelt, dass das Pferd unseren Raum auf gar keinen Fall betreten darf, wir den des Pferdes aber bitte jederzeit. Das halte ich für einen Fehler. Wie soll sich dein Pferd bei dir wohlfühlen, wenn du es immer und zu jeder Zeit überall anfassen darfst und ihm näherrücken kannst, ohne dass dabei die Meinung deines Pferdes zählt? Natürlich ist es wichtig, dass du dein Pferd überall anfassen kannst, und trotzdem hat es das Recht, dies situationsabhängig zu verneinen. Auch hier gilt wieder, nur weil dein Pferd gerade »Nein« sagt, heißt es nicht, dass dies nun immer so sein wird. Je mehr Wahl du ihm lässt, desto lieber sagt dein Pferd »Ja«. Je mehr du den Raum deines Pferdes achtest, desto lieber wird dein Pferd dich in diesen Raum lassen. Wenn du dich deinem Pferd also näherst und sich dessen Mimik verhärtet, es ausweicht oder den Kopf wegdreht, sind dies klare Zeichen eines »Neins«. Ein Schnelles-über-die-Stirn-Streichen ist ein Ignorieren dieses »Neins«. Die größten Missverständnisse und Kämpfe mit dem Pferd finden ihren Ursprung im Raumverständnis. Beispielsweise fragt dein Pferd an, ob es deinen Raum betreten darf, von dir kommt kein Feedback und dein Pferd sieht dies als Zustimmung. Jetzt ist es dir plötzlich viel zu nah und du korrigiert es stark. Oder du betrittst immer, ohne zu fragen, den Raum deines Pferdes und dieses macht es dir nach. Oder du bist dir völlig unbewusst über deinen Raum und gibst deinem Pferd dementsprechend verwirrende Zeichen, was erlaubt ist und was nicht. In der Kommunikation musst du dir über den Raum sehr bewusst sein, um klar kommunizieren zu können. Wichtig ist immer, dass dein Pferd den Raum füllen wird, den du gibst. Genauso wird dir dein Pferd auch den Raum geben, den du einnimmst. Möchtest du dein Pferd also beispielsweise auf den Zirkel schicken, solltest du dabei nicht rückwärtsgehen, denn so gibst du Raum. Dein Pferd soll hierbei aber Raum geben und von dir weggehen. Dafür musst du Raum nehmen und ein wenig auf dein Pferd zugehen. Raumverständnis ist immer ein Geben und Nehmen von Platz. Je bewusster du dich bewegst, desto einfacher ist die Kommunikation mit deinem Pferd.

KREATIVITÄT UND MUT: SPIRIT

Spirit ist mein Shetty, keinen Meter groß, aber er macht seinem Namen alle Ehre. Er ist lustig, kreativ und immer offen für ein Abenteuer. Manchmal frage ich mich, wie so viel Persönlichkeit in diesen kleinen Körper passt. Als Spirit ein Teil meiner Herde wurde, hatte ich vor, mit ihm Freiarbeit und Tricks zu lernen. Als ich ihn nach ein wenig Kennenlernen das erste Mal vom Seil löste, ging er sofort durch drei Zäune, um zurück zu den anderen Pferden zu kommen. Anstatt frustriert zu werden oder die Idee von Freiarbeit erstmal zu vergessen, machte ich es ihm leicht. Ich startete mit ihm auf der Weide bei den anderen Pferden. Um dabei spannender als das Gras zu sein, fing ich an, mit Futterlob zu arbeiten.

Ich arbeite sehr gerne mit Futterlob und konnte damit schon bei ganz verschiedenen Pferden Großes bewirken. Zur Aufarbeitung und Transformation von Traumaerlebnissen ist es sehr wertvoll, bei eher energiesparenden Pferden kann es den bedeutenden Motivationskick bringen. Ich nutze Futterlob ausschließlich im strukturierten Rahmen des Clickertrainings. Hier weiß das Pferd aufgrund des Markiersignals genau, wofür es belohnt wird und dass es eben auch nur Futter erwarten kann, wenn es das Markiersignal gehört hat. Es ermöglicht eine genaue und faire Kommunikation. Das Pferd ist am Zug und fängt bald an, spielerisch neue Ideen einzubringen. Der Gedanke, dass das Pferd dann nur wegen des Futters mitarbeitet, ist zu kurz gedacht. Das Pferd arbeitet mit, weil es Spaß macht, einfach zu verstehen ist und eine klare Motivation bietet.

Spirit entschied sich für mein zuckerfreies, langweiliges Futter und gegen das saftige Gras. Weil Belohnung für Leistung mehr Wert hat. Dementsprechend fingen wir an, bei den anderen Pferden unsere Bindung aufzubauen, und schon bald folgte er mir freiwillig von den anderen weg. Ich baute das gesamte Training auf der positiven Verstärkung mit dem Futterlob auf, und man konnte förmlich zusehen, wie sein Selbstbewusstsein wuchs und er Spaß an allem bekam.
Er hat Ehrgeiz zu lernen, gibt sich nicht mit langweiligen Tätigkeiten zufrieden und möchte immer mehr verstehen, egal wie kompliziert. Wenn ich ihn mitnehme zu Messen und Auftritten, läuft er wie ein Hund an der Leine voraus und erkundet mutig die neue Umgebung. Er liebt den Trubel und das Publikum. Bevor er in den Showring darf, kann er es kaum aushalten, bockt auf der Stelle und will unbedingt loslegen. Ich konnte all seine einzigartigen Eigenschaften stärken und unterstützen, sodass er selbstsicher glänzen kann.

Spirit zeigt, wie wichtig es ist, dass wir uns von den Besonderheiten unserer Pferde inspirieren lassen und Lösungen finden, die unsere Pferde aufbauen und nicht niedermachen. Dass Spiel wichtiger ist als Leistung. Dass es Mut und Kreativität braucht, um mit den Pferden harmonisch interagieren zu können.

Spirit macht sich die Welt bunt.

KAPITEL 8

IM TEAM DEINES PFERDES

Am Ende kommt es darauf an,
dass du für dein Pferd da bist
und dein Pferd ehrlich unterstützt
und begeistert begleitest.

Im Team deines Pferdes

Der erste Schritt zu einer harmonischen Partnerschaft mit dem Pferd ist immer der Schritt aufs Pferd zu. Machen wir es dem Pferd einfacher, dann können wir die nächsten Schritte gemeinsam in dieselbe Richtung gehen. Ich habe ein paar abschließende Aufforderungen an dich, um dies zu schaffen.

FANG AN

Im Team deines Pferdes zu sein, bedeutet unter anderem, dass du dich deinen Ängsten stellst. Dass du anerkennst, was dich oder euch aufhält, und aktiv nach Lösungen suchst. Dass du dich selbst herausforderst, um dich für dein Pferd weiterzubilden und weiterzuentwickeln. Viel zu viele drehen sich seit Jahren mit ihrem Pferd um dieselben Probleme. Es braucht dann diesen einen Monat Beritt, diesen einen Kurs, diesen neuen Sattel oder eben besseres Wetter. Dann wird endlich angefangen. Aber tatsächlich braucht es nur deinen Willen. Heute. Nicht morgen.

Umgang mit Pferden braucht Mut und es ist verständlich, dass schlechte Erlebnisse Angst hinterlassen. Davon darfst du dich aber nicht fesseln lassen. Arbeite dich Schritt für Schritt wieder zu einem angstfreien Umgang vor. Damit du dich nicht erschrickst, bevor dein Pferd überhaupt gescheut hat. Damit dein Pferd deinen Hilfen vertrauen kann und nicht an deinem Nervenkostüm zweifeln muss. Du hast ein Fluchttier bei dir, welches in unserer Welt oft reizüberflutet ist. Wenn du den Durchblick nicht hast, stresst du euch beide. Du musst der Anker für dein Pferd sein. Ich weiß, das ist unbequem, aber es wird nie besser, wenn du dich in deiner Komfortzone versteckst und es nicht wagst, dich und dein Pferd weiterzubringen. Dabei ist es wichtig, kleine Fortschritte zu machen, diese oft zu wiederholen und durch die vielen positiven Erlebnisse Routine und Vertrauen aufzubauen. Du musst und sollst keine Mutprobe daraus machen und am Ende mit zitternden Knien froh sein, dass alles gut gelaufen ist, sondern dich in kleinen Schritten deiner Angst stellen.

Dreh dein Mindset um, adressiere deine Ängste, finde eure Problempunkte, hol dir Hilfe, was auch immer nötig ist, um eine schöne und abwechslungsreiche Zeit in Leichtigkeit mit deinem Pferd zu haben. Nicht jedes Pferd will auf große Abenteuer gehen oder besonders schwierige Lektionen lernen, darum geht es auch gar nicht. Es gibt so viele tolle Ausflüge und Erfahrungen, die auf euch warten. Kleine und große Erlebnisse, die ihr Schritt für Schritt erleben dürft. Ihr habt leider nicht für immer Zeit, also nutze jeden Tag. Mach jeden Tag ein bisschen besonders, mit Freude und Leichtigkeit für dich und dein Pferd.

Schritt für Schritt in die gleiche Richtung

RAUM FÜR DICH UND DEIN PFERD

Ich wünsche mir, dass wir aufhören, den Pferden Labels aufzudrücken. Dein Pferd ist nicht faul, unaufmerksam, wild oder zickig. Dein Pferd ist ein sehr komplexer Charakter, mit viel mehr Facetten als den ein, zwei Eigenschaften, die dich stören. Zudem bestimmen einzelne Vorfälle noch lange nicht den Normalzustand und sollten nicht darüber bestimmen, wie du dein Pferd siehst und beschreibst. Solange du dein Pferd aber überwiegend durch diese Brille siehst, werden dir nur diese Eigenschaften auffallen und dein Pferd wird dir genau diese Eigenschaften besonders zeigen, denn es ist eben harmonieorientiert. Dein Pferd balanciert perfekt den schmalen Grat zwischen sich selbst treu bleiben und dich ganz genau spiegeln. Meine Pferde spiegeln mich alle auf unterschiedliche Arten. Jeder fordert andere Eigenschaften heraus und bringt mich dazu, hinzuschauen. Dein Pferd lebt den eigenen Charakter in allen Facetten aus und schafft es dabei, das zu spiegeln, was du bist, und das zu tun, was du auf dein Pferd projiziert. Das ist es, was es so herausfordernd, spannend und besonders macht mit den Pferden. Fokussiere dich auf die Eigenschaften deines Pferdes, die du bereits wertschätzt. Sieh eure Herausforderungen als Lernmöglichkeiten und gib deinem Pferd den mentalen Raum, sich zu verändern. Je besser du über dein Pferd denkst, desto mehr kann dein Pferd glänzen.

Dasselbe gilt für dich. Solange du dich als zu unerfahren, nicht genug oder zu ängstlich für dein Pferd siehst, wirst du dir genau das beweisen. Lenk deinen Fokus auf das, was sein soll, und fang an, die Momente zu sehen, wo dies bereits eintritt. Du kannst deine Wahrnehmung darauf trainieren, immer mehr das Positive zu finden. Freu dich mehr, als dass du dich ärgerst. Für dich und dein Pferd.

SCHAU DEINEM PFERD INS GESICHT

Alles, was du wissen musst über die Auswirkungen deiner Handlungen und den Gemütszustand deines Pferdes, kannst du in dem Gesicht deines Pferdes lesen. Du kannst es sogar fühlen, ohne hinzusehen, wenn du wirklich zuhörst. Ich habe bereits mit vielen Kindern geübt, Gesichtsausdrücke des Pferdes lesen zu lernen, und dabei festgestellt, dass sie es nicht lernen müssen. Sie wissen es. Ich kann ihnen lediglich helfen, diese Gabe zu festigen. Sie sehen das Bild eines Pferdes und vertrauen ihrem ersten Gefühl. Wir sind sehr empathisch veranlagt, und wenn wir es zulassen, hinzuschauen, können wir sie ganz einfach lesen und spüren. Dafür müssen unsere eigenen Gedanken und Emotionen mal kurz in den Hintergrund rücken. Wir wollen keine Erwartungen und Emotionen auf das Pferd projizieren, sondern das sehen, was wirklich ist, und nicht das, was wir uns wünschen oder uns von außen erzählt wird. Das kannst du, es bedarf aber vielleicht etwas Übung. Die Forschung ist mittlerweile ziemlich weit fortgeschritten, was das Lesen von Mimik und Verhalten angeht, und es gibt einige Systeme, die ein korrektes Lesen der Mimik und des Verhaltens ermöglichen. Wenn du dir also unsicher bist, ob du dein Pferd richtig liest, ist eine ausgiebige Recherche ein guter Start.

Ich möchte dir wirklich ans Herz legen, hinzuschauen und zu spüren, wie sich dein Pferd fühlt. Jeder teilt sich mit, Trainer, Stallbesitzer, Osteopathen oder andere Pferdebesitzer, und manchmal ist es schwierig, Meinung von Fakt zu trennen. Das, was dein Pferd empfindet, sollte für dich Fakt sein. Die Meinung deines Pferdes ist die, die zählt. Hör deinem Pferd zu.

Dein Pferd wird dich nie anlügen, es wird dir die Gemütslage meistens aber auch nicht stark und laut zeigen, denn es ist immer noch ein Beutetier und schützt sich dadurch selbst instinktiv. Deswegen darfst du innehalten und achtsam zuhören. Nach außen bist du die Stimme deines Pferdes, nutze sie.

Schlusswort

Ich hoffe, ich konnte durch dieses Buch den ein oder anderen neuen Gedanken in dir wecken, neue Perspektiven aufzeigen und dich inspirieren. Ich danke dir von Herzen, dass du bis hier gelesen hast. Mein Wunsch ist es, dass dieser ehrliche Blick in meine Welt der Pferde dir und deinem Pferd die Möglichkeit gibt, eure Kommunikation weiter zu vertiefen und harmonisch auf Augenhöhe miteinander umzugehen.
Trittst du deinem Pferd jeden Tag mit einer klaren Intention von Sicherheit und Harmonie entgegen, wird es dich gerne empfangen. Wir haben es tagtäglich in der Hand, ob wir eine Begegnung mit unserem Pferd positiv abschließen oder nicht. Du trägst mit deinen Handlungen, Emotionen und Gedanken die Verantwortung für eure gemeinsame Zeit. Triff die Entscheidung für dein Pferd und somit auch für dich.
Lass uns versprechen, weniger Aktion und mehr Reflexion zu betreiben. Wenn du aufhörst, mit einer Flut an Hilfen und Korrekturen zu ziehen, zu treiben und zu reagieren, hast du Zeit, um zu reflektieren, wie du dich fühlst, wie sich dein Pferd anfühlt, was in deinem Kopf herumschwirrt und welche Signale dein Körper sendet. Du kannst bewusst auf allen Ebenen kommunizieren und dein Pferd kann dich ohne Missverständnisse lesen. Das Reflektieren anstelle einer unüberlegten Reaktion macht dich vertrauensvoll und berechenbar für dein Pferd.

Lass uns anfangen, mit mehr Sicherheitsversprechen und weniger Dominanzkämpfen zwischen uns und unseren Pferden. Dein Pferd möchte nicht gegen dich kämpfen, es möchte nicht gewinnen. Dein Pferd wünscht sich Sicherheit und Frieden.
Lass uns einstehen, für weniger Druck und mehr Dialog. Dein Pferd will gehört werden. In dem Zuhören entsteht Geborgenheit. Eine Kommunikation, die Fragen und Antworten beiderseits zulässt, ist fair und ehrlich.
Auch im Zweifel immer FÜR und MIT dem Pferd.

Grüß dein Pferd von mir,
Anna

KAPITEL 9

SERVICE

Wenn du dir meine persönliche Unterstützung wünschst, können wir dies auf unterschiedlichen Wegen verwirklichen.

Mein Angebot

Ich biete regelmäßig Workshops, Vorträge und öffentliche Trainings an, bei denen ich dich, deinen Blick, deine Energie und deine Körpersprache schule. Auch mit deinem Pferd kannst du bei mir Unterricht nehmen. Deutschlandweit besuche ich dich zudem für Kurse. Auch online kann ich dich sehr gut begleiten, da ich meistens nicht dein Pferd selbst trainieren muss, sondern vor allem dich unterstütze. Das können wir in verschiedenen Formaten ganz individuell schaffen. Wir analysieren gemeinsam deine Trainingsvideos oder ich unterrichte dich live per Video und ich gebe dir Hausaufgaben, innere Bilder und Erklärvideos mit, damit du selbstsicher und mit einem Plan mit deinem Pferd ins Umsetzen kommst. Mein Unterricht mit dir ist genauso individuell, flexibel und empathisch aufgebaut wie mein Umgang mit dem Pferd.

Mehr Informationen findest du unter empoweryourhorse.de.

Bei mir geht es individuell um dich und dein Pferd.

Zum Weiterlesen

Jones, Janet: **Horse Brain, Human Brain**; Erkenntnisse aus der Neurowissenschaft – Wie Pferd und Mensch denken, fühlen, handeln. KOSMOS 2022
Das Gehirn steuert das Verhalten – beim Pferd ebenso wie beim Menschen. Die Neurowissenschaftlerin und erfolgreiche Trainerin Janet Jones erklärt leicht verständlich die Gemeinsamkeiten und Unterschiede zwischen den Gehirnen von Mensch und Pferd und zeigt, wie man dieses Wissen anwendet, um Ausbildung, Training und Umgang effizient und lösungsorientiert zu gestalten.

Krüger, Konstanze, Marr, Isabell, **Forschung trifft Pferd, Neuste Erkenntnisse für ein besseres Verständnis**; KOSMOS 2022
Schluss mit Pferde-Mythen! Prof. Dr. Konstanze Krüger und Dr. Isabell Marr stellen die aktuellen Erkenntnisse der Verhaltensforschung vor und zeigen, wie sich dieses Wissen bei Ausbildung und Training sowie im täglichen Umgang nutzen lässt. Ein Standardwerk auf dem neuesten Stand der Wissenschaft.

Krüger, Konstanze, Marr, Isabell, Farmer, Kate: **Lateralität bei Pferden,** Was körperliche Schiefe, motorische Händigkeit und sensorische Lateralität bedeuten und wie Pferde in Balance kommen; KOSMOS 2024
Wie der Mensch verwenden Pferde ihre Körperseiten ungleichmäßig. Man spricht von Lateralität. Dieses Buch erklärt aktuelle Forschungsergebnisse und zeigt, wie der Vorzug des Pferdegehirns für eine Körperseite mit dem täglichen Umgang, der Haltung und der Gesundheit des Pferdes in Wechselwirkung steht. Es gibt Pferdehaltern wertvolle und leicht umsetzbare Tools, um die Lateralität des Pferdes zu erkennen, zu verstehen und im Training zu berücksichtigen.

Krüger-Degener, Anne: **Wenn Pferde Komplimente machen**, HarmoniLogie – Kommunikationstraining für Mensch und Pferd; KOSMOS 2019
Anne Krüger-Degener bildet Pferde bis zur höchsten Klasse aus und stellt sie weltweit in beeindruckenden Schaubildern mit Hunden, Ziegen und Enten vor. Ihre Ausbildungsmethode beruht auf einem einzigartigen Konzept: Durch eine klare Körpersprache und genaue Beobachtung entsteht eine unglaublich feine Kommunikation und vertrauensvolle Nähe zwischen Mensch und Pferd. So wird das Pferd hoch motiviert und leistungsbereit.

Krüger-Degener, Anne: **Glückschmiede für Pferde,** HarmoniLogie – Ausbildung ohne Missverständnisse; KOSMOS 2022
Anne Krüger-Degeners HarmonieLogie®-Methode ist ein einzigartiges Konzept zum vertrauensvollen Umgang mit Pferden. In diesem Buch zeigt sie, wie Kommunikation gelingt. Praxisnah und mit vielen Beispielen wird erklärt, wie man die körpersprachlichen Signale des Pferdes

richtig liest. Dabei zählen Beobachtung und Einfühlungsvermögen, nicht Interpretation. So werden Missverständnisse vermieden, man lernt die eigene Körpersprache richtig einzusetzen und es entsteht ein echter Dialog. Das Pferd ist motiviert und zeigt beim Training die gewünschte Reaktion. Pferdeausbildung mit der HarmonieLogie®: dem Menschen zur Freude, dem Tiere zum Glück – und andersherum!

Lubetzki, Marc: **Im Kreis der Herde**, Von wilden Pferden lernen; KOSMOS 2019
Tierfilmer Marc Lubetzki beobachtet und filmt seit 2012 ausschließlich Wildpferde. Während der Dreharbeiten wird er selbst Teil der Herde. Wie er das Vertrauen der Tiere gewinnt, und welche Schlüsse er aus seinen einzigartigen Beobachtungen zieht, beschreibt er in diesem Buch. Es gelingt ihm, Missverständnisse wie z. B. die Leithengst-Lüge aufzuklären und dadurch neue Anregungen für die Haltung und den Umgang mit Hauspferden zu geben.

Lubetzki, Marc: **Im Gespräch mit wilden Pferden**, Natürlich kommunizieren – die Koniks machen es uns vor, KOSMOS 2022
Im neuen Buch von Marc Lubetzki geht es um die Entschlüsselung der Pferdesprache und um den vertrauensvollen Austausch zwischen Mensch und Pferd. Marc Lubetzki erklärt Verhalten und Körpersprache der Wildpferde und zeigt, wie uns Menschen die Annäherung gelingt, wenn wir das Vertrauen der Pferde gewinnen und in einen echten Dialog mit ihnen treten.

Seib, Catherin: **Wahre Freundschaft mit Pferden**, Erlebnisse einer Tierkommunikatorin, KOSMOS 2022
Tierkommunikatorin Catherin Seib kommuniziert auf telepathischem Wege mit Pferden und gibt diese Fähigkeit in ihren Kursen weiter. In ihrem Buch erzählt sie berührende, verblüffende und aufklärende Erlebnisse und Fallbeispiele aus ihrer täglichen Praxis. Ihre Erfahrungen machen Mut, auch unkonventionelle Wege zu gehen, die eigene Empathie und Intuition zu stärken und auf sein Pferd zu hören.

Seib, Cathrin: **Gespräche mit deinem Pferd**, Erste Schritte zur Tierkommunikation; KOSMOS 2023
Um eine tiefe Verbindung und Freundschaft zum Pferd aufzubauen, gibt es keinen besseren Weg als den der telepathischen Kommunikation. Hier erfährt der Mensch die wahren Bedürfnisse seines Pferdes. Jeder kann Tierkommunikation erlernen. Wie, das erklärt Catherin Seib in diesem bodenständigen Ratgeber.

Wilsie, Sharon/Vogel, Gretchen: **Sprachkurs Pferd,** Pferdesprache lernen in 12 Schritten; KOSMOS 2018
Jedes Zucken von Ohr oder Nüster, jede Bewegung des Pferdes hat eine Bedeutung. Pferde reden mit uns, doch die meiste Zeit übersehen wir diese Signale. Mit diesem Übersetzungshelfer lernen wir, die Sprache unserer Pferde zu verstehen und uns mit ihnen so zu unterhalten, dass sie unsere Wünsche verstehen und sich verstanden fühlen.

Register

BILDNACHWEIS

Anna Auerbach fotografierte 65 Farbfotos für dieses Buch.
Weitere Fotos sind von Anna Kannegieter (5): S.14/15, 51, 61, 83, 85.

Mit 5 Farbillustrationen von Anna Kannegieter.

IMPRESSUM

Umschlaggestaltung von GRAMISCI Editorial Design,
Stefanie Wawer, München unter Verwendung von 8 Farbfotos
von Anna Auerbach/Kosmos.

Mit 70 Farbfotos und 5 Farbillustrationen

Gedruckt auf chlorfrei gebleichtem Papier

ISBN 978-3-440-18084-6
Projektleitung und Redaktion: Alexandra Haungs
Gestaltungskonzept: Gramisci Editorial Design, München
Gestaltung und Satz: Atelier Krohmer, Dettingen/Erms
Produktion: Claudia Frank
Druck und Bindung: Westermann Druck Zwickau GmbH, Zwickau
Printed in Germany / Imprimé en Allemagne

FSC
www.fsc.org
MIX
Papier | Fördert gute Waldnutzung
FSC® C110508